南海科学考察历史资料整编丛书

南海渔业资源分布图集

杜飞雁 王雪辉 宁加佳 等 著

科学出版社

北 京

内 容 简 介

  本图集通过对中国水产科学研究院南海水产研究所自 1961 年以来在南海开展的 74 个渔业资源科学考察项目的原始数据、报告等资料的整理，将南海分为南海北部、北部湾、珠江口、大亚湾和南海诸岛五个区域，对南海渔业资源分布情况进行图件绘制，形成南海渔业资源分布图集。图集直观地展示了南海渔业资源不同历史时期的分布情况，有助于全面了解和掌握近 60 年来南海渔业资源的分布和变化情况，可为我国海洋渔业资源的可持续利用发挥积极作用。

  本图集适合海洋科研工作者、高校师生及海洋科学爱好者参考使用。

审图号：GS 京（2023）2068 号

图书在版编目（CIP）数据

南海渔业资源分布图集/杜飞雁等著 . —北京：科学出版社，2023.11
（南海科学考察历史资料整编丛书）

ISBN 978-7-03-073643-7

Ⅰ . ①南⋯　Ⅱ . ①杜⋯　Ⅲ . ①南海–海洋渔业–水产资源–资源分布–图集　Ⅳ . ① S93-64

中国版本图书馆 CIP 数据核字（2022）第 202823 号

责任编辑：朱　瑾　习慧丽/责任校对：郑金红
责任印制：吴兆东/封面设计：无极书装

科学出版社 出版
北京东黄城根北街 16 号
邮政编码：100717
http://www.sciencep.com
北京中石油彩色印刷有限责任公司印刷
科学出版社发行　各地新华书店经销

*

2023 年 11 月第 一 版　开本：787×1092　1/16
2025 年 1 月第二次印刷　印张：24 1/2
字数：580 000

定价：328.00 元
（如有印装质量问题，我社负责调换）

《南海渔业资源分布图集》著者名单

主要著者　杜飞雁　王雪辉　宁加佳

其他著者（按姓氏笔画排序）

王守信　王佳燕　王亮根　刘双双

李亚芳　邱永松　闵婷婷　陈盟基

柯兰香　贾晓平　徐　磊　唐鹊辉

黄德练　蔡文贵　黎　红

丛 书 序

南海及其岛礁构造复杂，环境独特，海洋现象丰富，是全球研究区域海洋学的天然实验室。南海是半封闭边缘海，既有宽阔的陆架海域，又有大尺度的深海盆，还有类大洋的动力环境和生态过程特征，形成了独特的低纬度热带海洋、深海特性和"准大洋"动力特征。南海及其邻近的西太平洋和印度洋"暖池"是影响我国气候系统的关键海域。南海地质构造复杂，岛礁众多，南海的形成与演变、沉积与古环境、岛礁的形成演变等是国际研究热点和难点问题。南海地处热带、亚热带海域，生态环境复杂多样，是世界上海洋生物多样性最高的海区之一。南海珊瑚礁、红树林、海草床等典型生态系统复杂的环境特性，以及长时间序列的季风环流驱动力与深海沉积记录等鲜明的区域特点和独特的演化规律，彰显了南海海洋科学研究的复杂性、特殊性及其全球意义，使得南海海洋学研究更有挑战性。因此，南海是地球动力学、全球变化等重大前沿科学研究的热点。

南海自然资源十分丰富，是巨大的资源宝库。南海拥有丰富的石油、天然气、可燃冰，以及铁、锰、铜、镍、钴、铅、锌、钛、锡等数十种金属和沸石、珊瑚贝壳灰岩等非金属矿产，是全球少有的海上油气富集区之一；南海还蕴藏着丰富的生物资源，有海洋生物 2850 多种，其中海洋鱼类 1500 多种，是全球海洋生物多样性最丰富的区域之一，同时也是我国海洋水产种类最多、面积最大的热带渔场。南海具有巨大的资源开发潜力，是中华民族可持续发展的重要疆域。

南海与南海诸岛地理位置特殊，战略地位十分重要。南海扼守西太平洋至印度洋海上交通要冲，是通往非洲和欧洲的咽喉要道，世界上一半以上的超级油轮经过该海域，我国约 60% 的外贸、88% 的能源进口运输、60% 的国际航班从南海经过，因此，南海是我国南部安全的重要屏障、战略防卫的要地，也是确保能源及贸易安全、航行安全的生命线。

南海及其岛礁具有重要的经济价值、战略价值和科学研究价值。系统掌握南海及其岛礁的环境、资源状况的精确资料，可提升海上长期立足和掌控管理的能力，有效维护国家权益，开发利用海洋资源，拓展海洋经济发展新空间。自 20 世纪 50 年代以来，我国先后组织了数十次大规模的调查区域各异的南海及其岛礁海洋科学综合考察，如西沙群岛、中沙群岛及其附近海域综合调查，南海中部海域综合调查，南海东北部综合调查研究，南沙群岛及其邻近海域综合调查等，得到了海量的重要原始数据、图集、报告、样品等多种形式的科学考察史料。由于当时许多调查资料没有电子化，归档标准不一，对获得的资料缺乏系统完整的整编与管理，加上历史久远、人员更替或离世等原因，这些历史资料显得弥足珍贵。

"南海科学考察历史资料整编丛书"是在对自 20 世纪 50 年代以来南海科考史料进行收集、抢救、系统梳理和整编的基础上完成的，涵盖 400 个以上大小规模的南海科考航次的数据，涉及生物生态、渔业、地质、化学、水文气象等学科专业的科学数据、图集、研究报告及老专家访谈录等专业内容。通过近 60 年科考资料的比对、分析和研究，全面系统揭示了南海及其岛礁的资源、环境及变动状况，有望推进南海热带海洋环境演变、生物多样性与生态环境特征演替、边缘海地质演化过程等重要海洋科学前沿问题的解决，以及南海资源开发利用关键技术的深入研究和突破，促进热带海洋科学和区域海洋科学的创新跨越发展，促进南海资源开发和海洋经济的发展。早期的科学考察宝贵资料记录了我国对南海的管控和研究开发的历史，为国家在新时期、新形势下在南海维护权益、开发资源、防灾减灾、外交谈判、保障海上安全和国防安全等提供了科学的基础支撑，具有非常重要的学术参考价值和实际应用价值。

陈宜瑜

中国科学院院士

2021 年 12 月 26 日

丛书前言

海洋是巨大的资源宝库，是强国建设的战略空间，海兴则国强民富。我国是一个海洋大国，党的十八大提出建设海洋强国的战略目标，党的十九大进一步提出"坚持陆海统筹，加快建设海洋强国"的战略部署，党的二十大再次强调"发展海洋经济，保护海洋生态环境，加快建设海洋强国"，建设海洋强国是中国特色社会主义事业的重要组成部分。

南海兼具深海和准大洋特征，是连接太平洋与印度洋的战略交通要道和全球海洋生物多样性最为丰富的区域之一；南海海域面积约 350 万 km^2，我国管辖面积约 210 万 km^2，其间镶嵌着众多美丽岛礁，是我国宝贵的蓝色国土。进一步认识南海、开发南海、利用南海，是我国经略南海、维护海洋权益、发展海洋经济的重要基础。

自 20 世纪 50 年代起，为掌握南海及其诸岛的国土资源状况，提升海洋科技和开发利用水平，我国先后组织了数十次大规模的调查区域各异的南海及其岛礁海洋科学综合考查，对国土、资源、生态、环境、权益等领域开展调查研究。例如，"南海中、西沙群岛及附近海域海洋综合调查"（1973～1977 年）共进行了 11 个航次的综合考察，足迹遍及西沙群岛各岛礁，多次穿越中沙群岛，一再登上黄岩岛，并穿过南沙群岛北侧，调查项目包括海洋地质、海底地貌、海洋沉积、海洋气象、海洋水文、海水化学、海洋生物和岛礁地貌等。又如，"南沙群岛及其邻近海域综合调查"国家专项（1984～2009 年），由国务院批准、中国科学院组织、南海海洋研究所牵头，联合国内十多个部委 43 个科研单位共同实施，持续 20 多年，共组织了 32 个航次，全国累计 400 多名科技人员参加过南沙科学考察和研究工作，取得了大批包括海洋地质地貌、地理、测绘、地球物理、地球化学、生物、生态、化学、物理、水文、气象等学科领域的实测数据和样品，获得了海量的第一手资料和重要原始数据，产出了丰硕的成果。这些是以中国科学院南海海洋研究所为代表的一批又一批科研人员，从一条小舢板起步，想国家之所想、急国家之所急，努力做到"为国求知"，在极端艰苦的环境中奋勇拼搏，劈波斩浪，数十年探海巡礁的智慧结晶。这些数据和成果极大地丰富了对我国南海海洋资源与环境状况的认知，提升了我国海洋科学研究的实力，直接服务于国家政治、外交、军事、环境保护、资源开发及生产建设，支撑国家和政府决策，对我国开展南海海洋权益维护特别是南海岛礁建设发挥了关键性作用。

在开启中华民族伟大复兴第二个百年奋斗目标新征程、加快建设海洋强国之际，"南海科学考察历史资料整编丛书"如期付梓，我们感到非常欣慰。丛书在 2017 年度国家科技基础资源调查专项"南海及其附属岛礁海洋科学考察历史资料系统整编"项目的资助下，汇集了南海科学考察和研究历史悠久的 10 家科研院所及高校在海洋生物生态、渔业资源、地质、化学、物理及信息地理等专业领域的科研骨干共同合作的研究成果，并聘请离退休老一辈科考人员协助指导，并做了"记忆恢复"访谈，保障丛书数据的权威性、丰富性、可靠性、真实性和准确性。

　　丛书还收录了自 20 世纪 50 年代起我国海洋科技工作者前赴后继，为祖国海洋科研事业奋斗终身的一个个感人的故事，以访谈的形式真实生动地再现于读者面前，催人奋进。这些老一辈科考人员中很多人已经是 80 多岁，甚至 90 多岁高龄，讲述的大多是大事件背后鲜为人知的平凡故事，如果他们自己不说，恐怕没有几个人会知道。这些平凡却伟大的事迹，折射出了老一辈科学家求真务实、报国为民、无私奉献的爱国情怀和高尚品格，弘扬了"锐意进取、攻坚克难、精诚团结、科学创新"的南海精神。是他们把论文写在碧波滚滚的南海上，将海洋科研事业拓展到深海大洋中，他们的经历或许不可复制，但精神却值得传承和发扬。

　　希望广大科技工作者从"南海科学考察历史资料整编丛书"中感受到我国海洋科技事业发展中老一辈科学家筚路蓝缕奋斗的精神，自觉担负起建设创新型国家和世界科技强国的光荣使命，勇挑时代重担，勇做创新先锋，在建设世界科技强国的征程中实现人生理想和价值。

　　谨以此书向参与南海科学考察的所有科技工作者、科考船员致以崇高的敬意！向所有关心、支持和帮助南海科学考察事业的各级领导和专家表示衷心的感谢！

龙丽娟

"南海科学考察历史资料整编丛书"主编

2021 年 12 月 8 日

前　言

南海地理位置特殊、资源丰富，具有重要的经济价值和战略意义。自 20 世纪 50 年代以来，为昭示主权、掌握南海及南海诸岛的基本情况，我国先后组织了数十次南海及其附属岛礁海洋科学调查专项，对国土、资源、生态、环境、权益等领域开展调查研究。由于早期的调查研究记录无法电子化，对获得的资料缺乏系统整编与管理，并且原始资料有的散落在科研人员手中，这些资料由于历史久远、人员更替或离世等原因愈发珍贵。为此，2017 年在科学技术部科技基础资源调查专项（2017FY2014）的资助下，"南海及其附属岛礁海洋科学考察历史资料系统整编"项目组对自 20 世纪 50 年代以来的南海科考史料进行了抢救、收集、电子化、可视化和系统梳理，整编出版了一批包括生物、生态、地质、水文、气象等专业的数据集、图集和成果报告，为我国进一步经略南海提供科学支撑。

中国水产科学研究院南海水产研究所成立于 1953 年，是我国南海区域从事热带亚热带水产基础与应用基础研究、水产高新技术和水产重大应用技术研究的公益性国家级科研创新机构。海洋渔业资源是中国水产科学研究院南海水产研究所最早确立的研究领域，当时开展渔业资源探捕和渔场开发是该领域的首要任务。中国水产科学研究院南海水产研究所成立之前，有关南海的渔业状况只有一些零星的调查和记载，中国水产科学研究院南海水产研究所成立之后才开始较系统地开展南海渔业资源调查研究。南海的渔业资源调查经历了从沿海逐步向外海的发展过程，探捕区域覆盖了从南海北部、南海中部至西南部陆架区的整个南海范围，掌握了南海渔业资源的分布状况，使南海有经济价值的渔业资源先后得到了开发利用。由此，中国水产科学研究院南海水产研究所承担了"南海及其附属岛礁海洋科学考察历史资料系统整编"项目中的"南海渔业资源调查历史资料整编"工作。

通过 5 年的努力，"南海渔业资源调查历史资料整编"课题组对自 1961 年以来的 74 个项目的数据、报告等资料进行了查找、整理、核校、数字化，全面梳理了南海渔业资源科学考察历史，将南海分为南海北部、北部湾、珠江口、大亚湾和南海诸岛五个区域，对不同时期南海渔业资源密度进行统计，绘制南海渔业资源分布图集，客观且直观地展示南海渔业资源的分布和变化情况，进一步丰富和充实南海渔业资源调查研究的历史记录。我们希望，本书可以促进南海渔业资源的科学管理，对我国海洋渔业资源的可持续利用发挥积极作用。第一章由王亮根等负责完成，第二章由王雪辉等负责完成，第三章由徐磊等负责完成，第四章由黄德练等负责完成，第五章由李亚芳等负责完成，图件绘制由蔡文贵完成，基础数据整理和录入由王守信、黎红、闵婷婷、陈盟基、柯兰香、王佳燕等完成。杜飞雁、宁加佳、刘双双和唐鹊辉对基础数据和图件进行了核校和审定，贾晓平和邱永松对图集进行了审阅。

本图集的编撰和出版还获得了海南省自然科学基金（422MS156）的资助。

杜飞雁

2023 年 10 月

目　　录

第一章 南海北部渔业资源图集
（1963—2007）

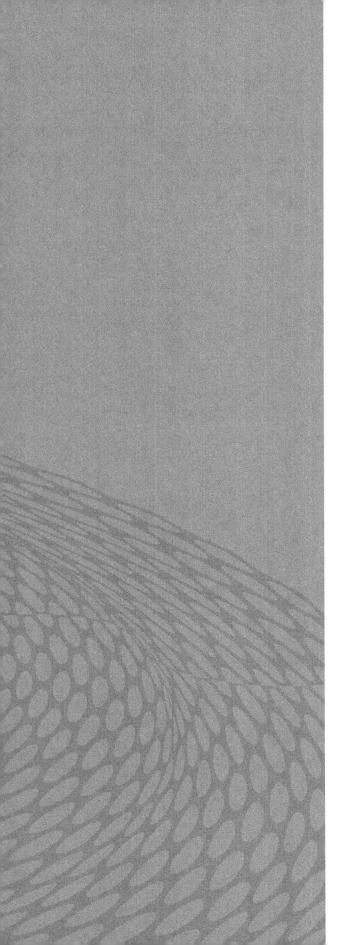

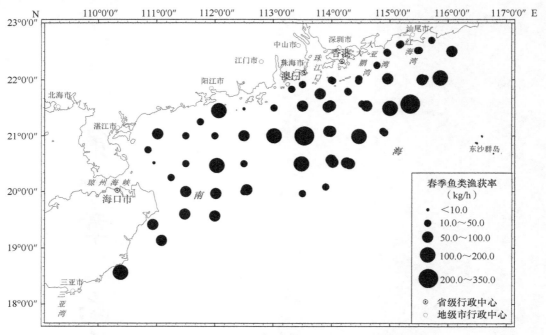

图 1-1　1963—1965 年南海北部部分区域春季鱼类渔获率分布图

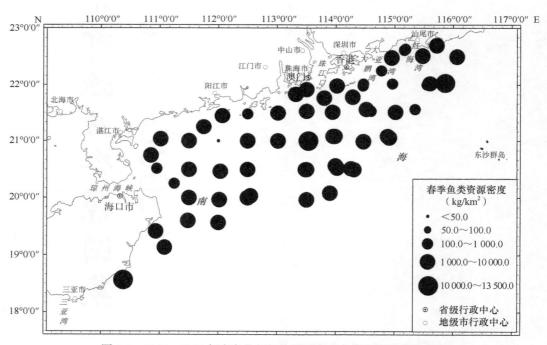

图 1-2　1963—1965 年南海北部部分区域春季鱼类资源密度分布图

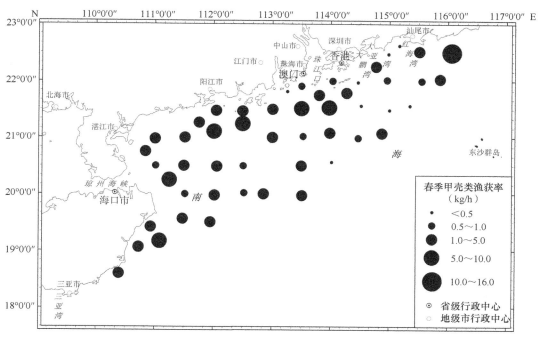

图 1-3　1963—1965 年南海北部部分区域春季甲壳类渔获率分布图

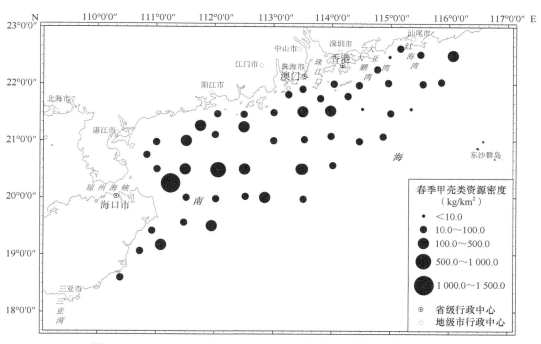

图 1-4　1963—1965 年南海北部部分区域春季甲壳类资源密度分布图

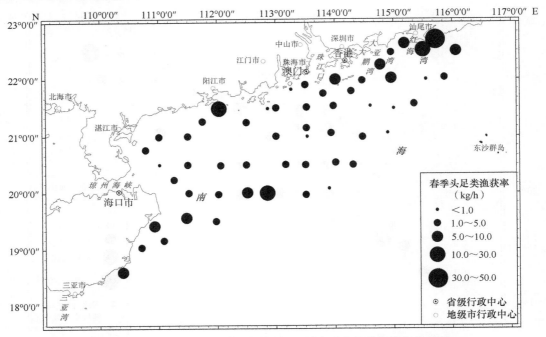

图 1-5　1963—1965 年南海北部部分区域春季头足类渔获率分布图

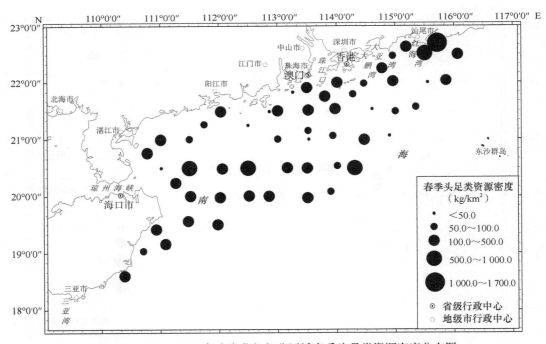

图 1-6　1963—1965 年南海北部部分区域春季头足类资源密度分布图

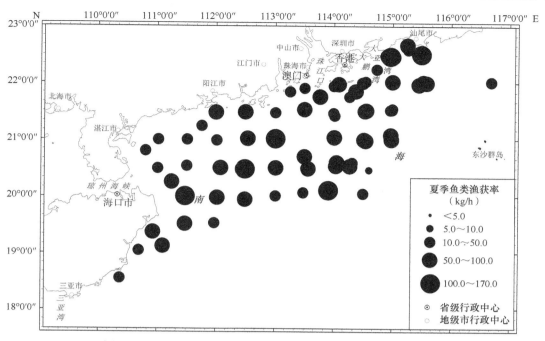

图 1-7　1963—1965 年南海北部部分区域夏季鱼类渔获率分布图

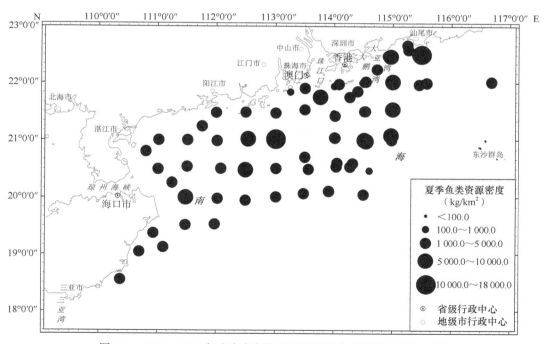

图 1-8　1963—1965 年南海北部部分区域夏季鱼类资源密度分布图

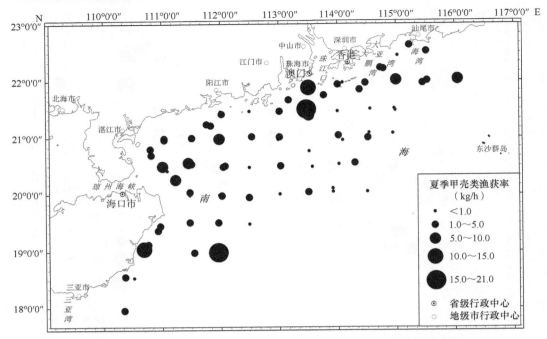

图 1-9　1963—1965 年南海北部部分区域夏季甲壳类渔获率分布图

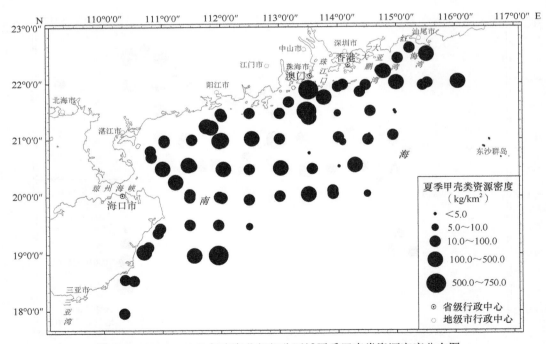

图 1-10　1963—1965 年南海北部部分区域夏季甲壳类资源密度分布图

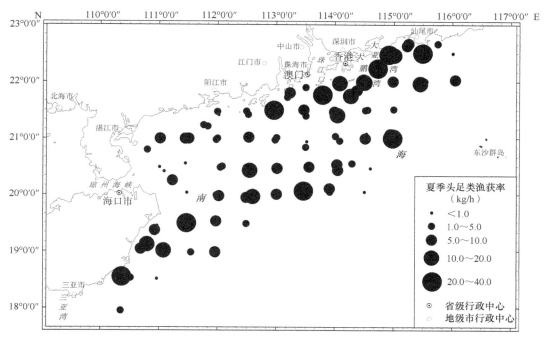

图 1-11　1963—1965 年南海北部部分区域夏季头足类渔获率分布图

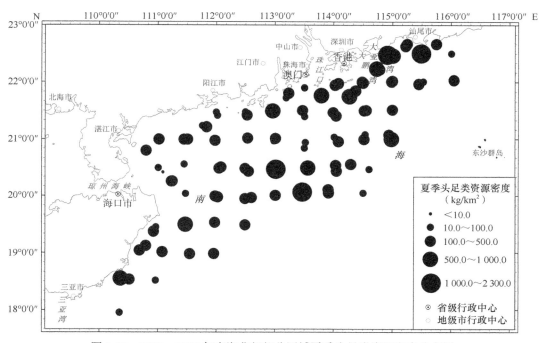

图 1-12　1963—1965 年南海北部部分区域夏季头足类资源密度分布图

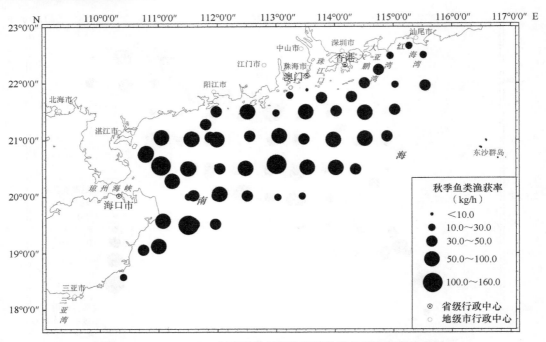

图 1-13　1963—1965 年南海北部部分区域秋季鱼类渔获率分布图

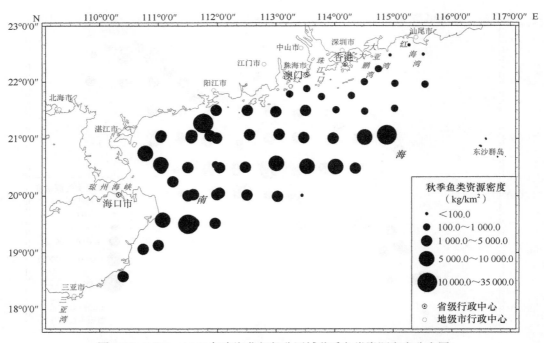

图 1-14　1963—1965 年南海北部部分区域秋季鱼类资源密度分布图

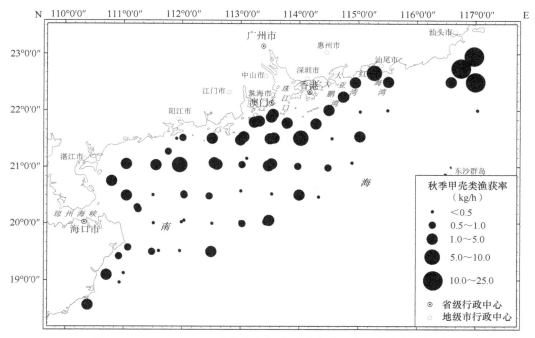

图 1-15 1963—1965 年南海北部部分区域秋季甲壳类渔获率分布图

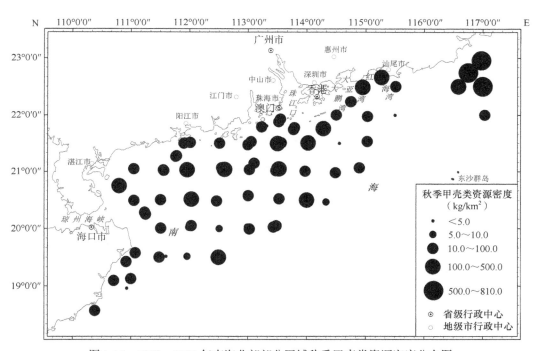

图 1-16 1963—1965 年南海北部部分区域秋季甲壳类资源密度分布图

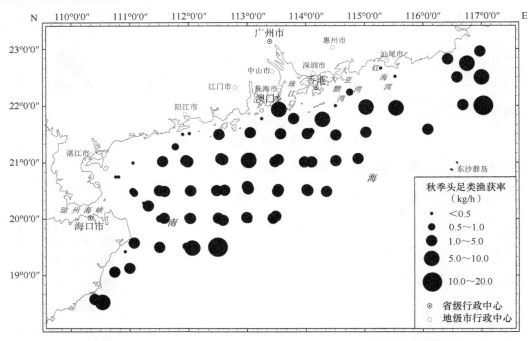

图 1-17　1963—1965 年南海北部部分区域秋季头足类渔获率分布图

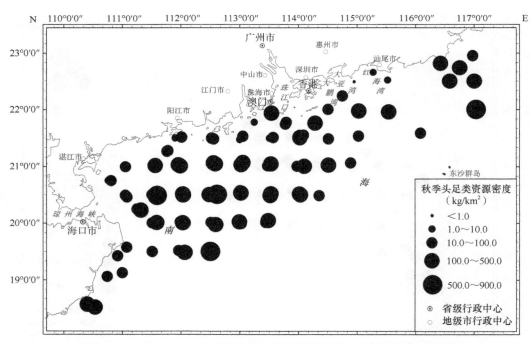

图 1-18　1963—1965 年南海北部部分区域秋季头足类资源密度分布图

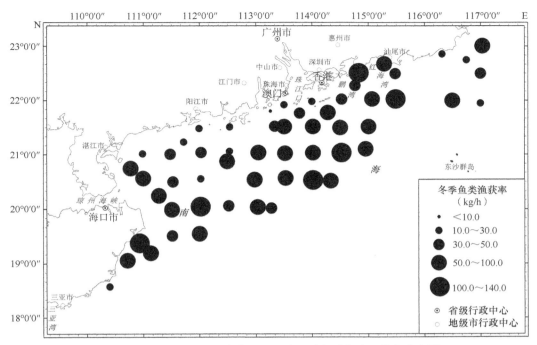

图 1-19 1963—1965 年南海北部部分区域冬季鱼类渔获率分布图

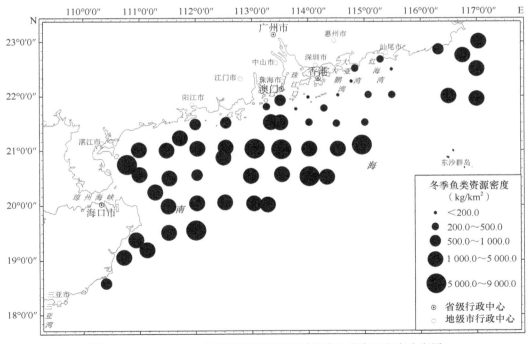

图 1-20 1963—1965 年南海北部部分区域冬季鱼类资源密度分布图

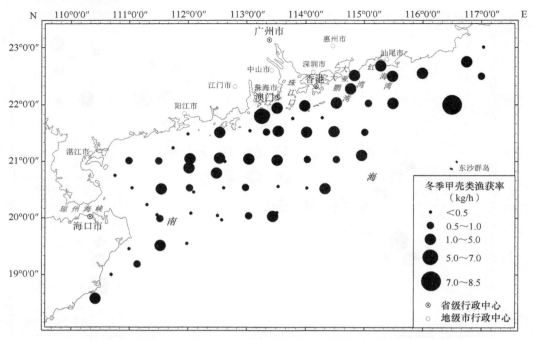

图 1-21　1963—1965 年南海北部部分区域冬季甲壳类渔获率分布图

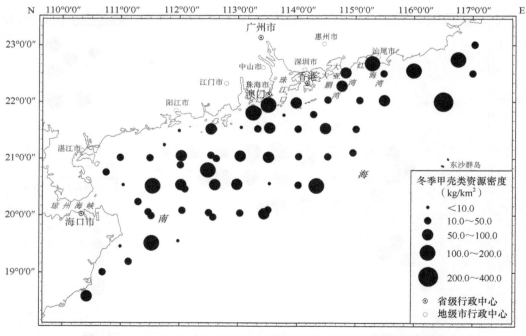

图 1-22　1963—1965 年南海北部部分区域冬季甲壳类资源密度分布图

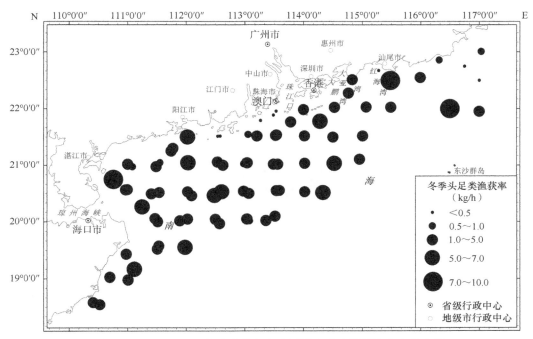

图 1-23　1963—1965 年南海北部部分区域冬季头足类渔获率分布图

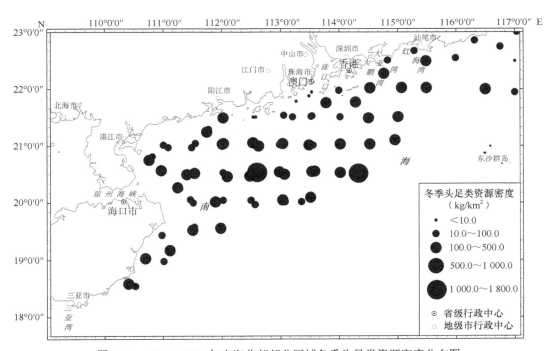

图 1-24　1963—1965 年南海北部部分区域冬季头足类资源密度分布图

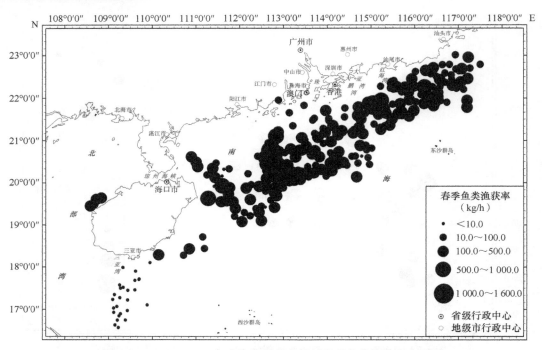

图 1-25　1973—1977 年南海北部部分区域春季鱼类渔获率分布图

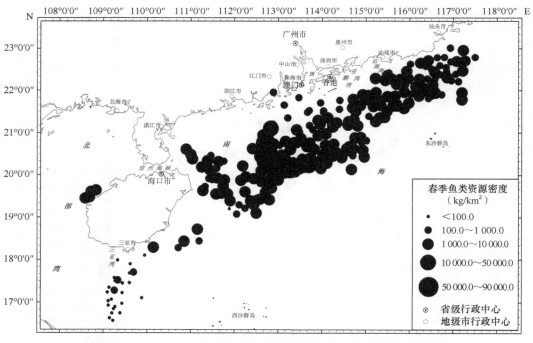

图 1-26　1973—1977 年南海北部部分区域春季鱼类资源密度分布图

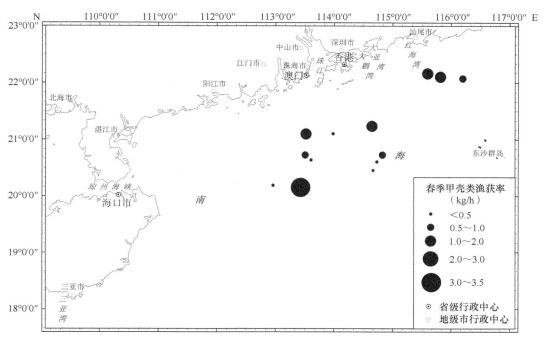

图 1-27　1973—1977 年南海北部部分区域春季甲壳类渔获率分布图

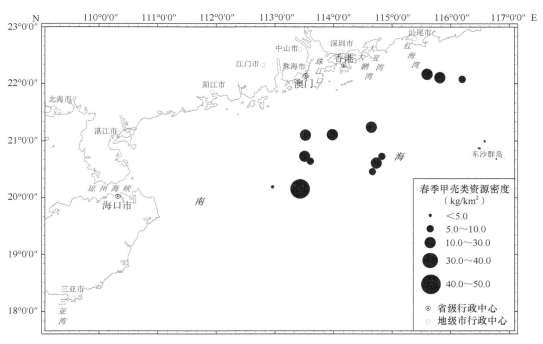

图 1-28　1973—1977 年南海北部部分区域春季甲壳类资源密度分布图

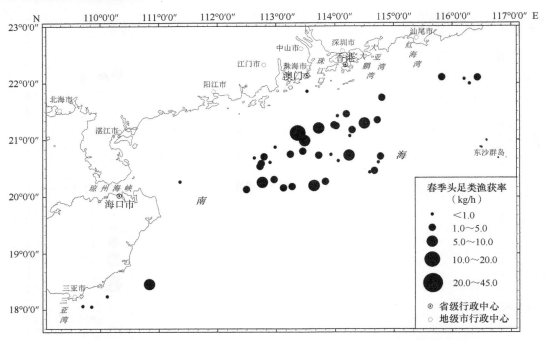

图 1-29　1973—1977 年南海北部部分区域春季头足类渔获率分布图

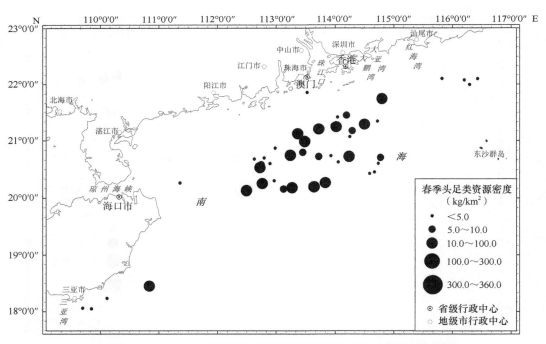

图 1-30　1973—1977 年南海北部部分区域春季头足类资源密度分布图

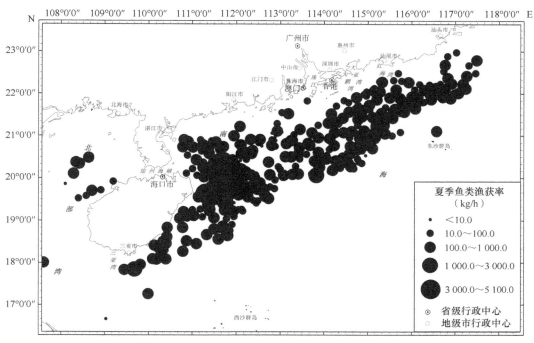

图 1-31　1973—1977 年南海北部部分区域夏季鱼类渔获率分布图

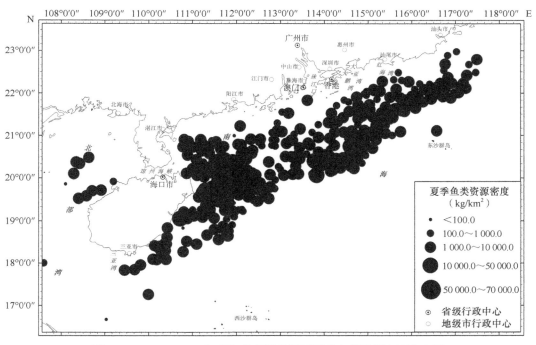

图 1-32　1973—1977 年南海北部部分区域夏季鱼类资源密度分布图

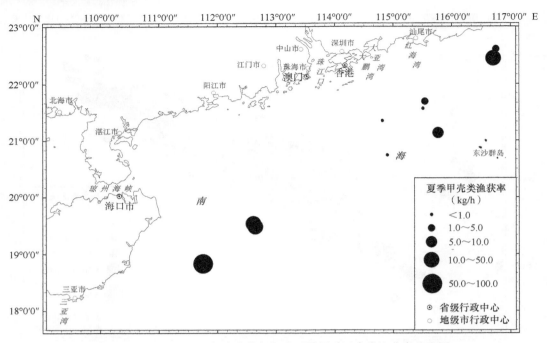

图 1-33　1973—1977 年南海北部部分区域夏季甲壳类渔获率分布图

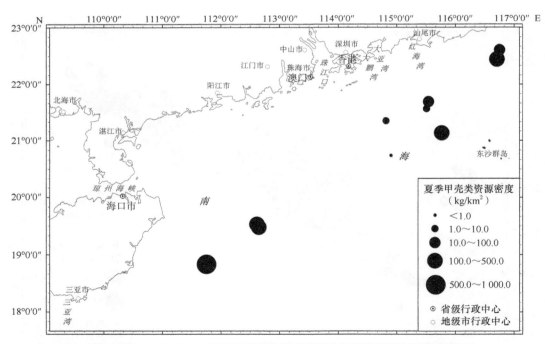

图 1-34　1973—1977 年南海北部部分区域夏季甲壳类资源密度分布图

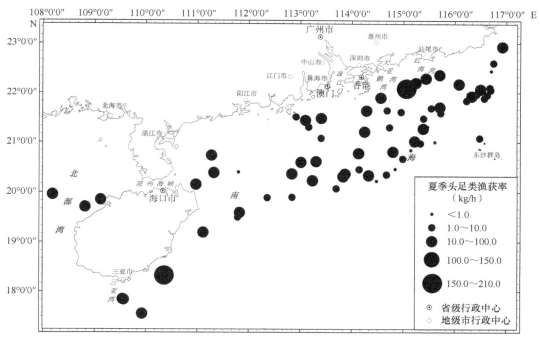

图 1-35　1973—1977 年南海北部部分区域夏季头足类渔获率分布图

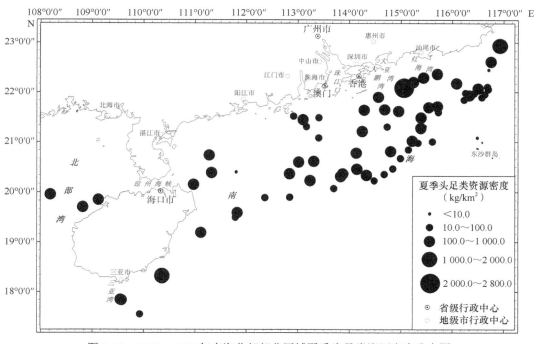

图 1-36　1973—1977 年南海北部部分区域夏季头足类资源密度分布图

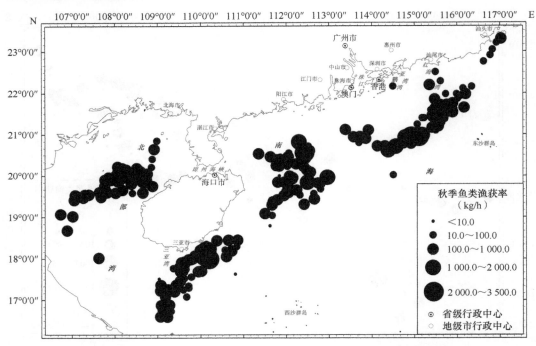

图 1-37　1973—1977 年南海北部部分区域秋季鱼类渔获率分布图

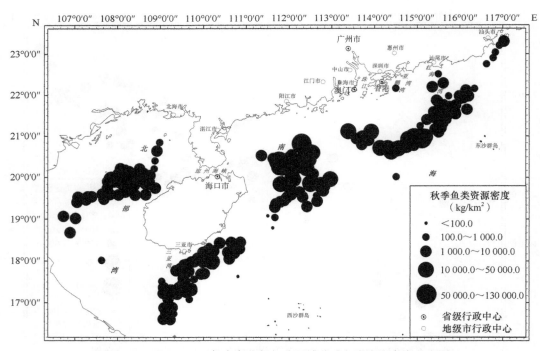

图 1-38　1973—1977 年南海北部部分区域秋季鱼类资源密度分布图

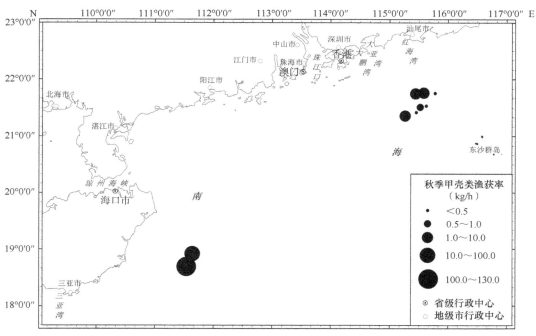

图 1-39　1973—1977 年南海北部部分区域秋季甲壳类渔获率分布图

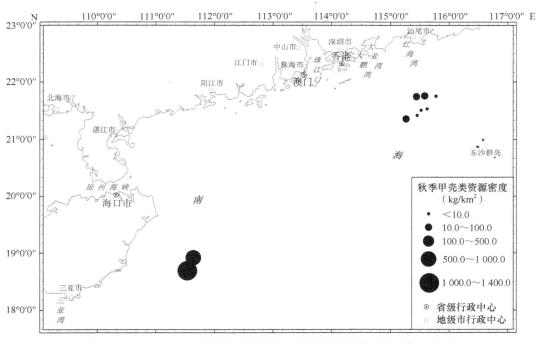

图 1-40　1973—1977 年南海北部部分区域秋季甲壳类资源密度分布图

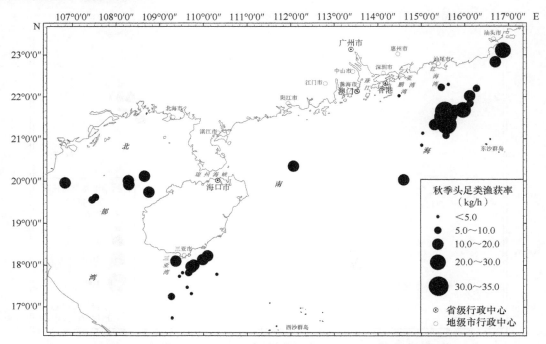

图 1-41　1973—1977 年南海北部部分区域秋季头足类渔获率分布图

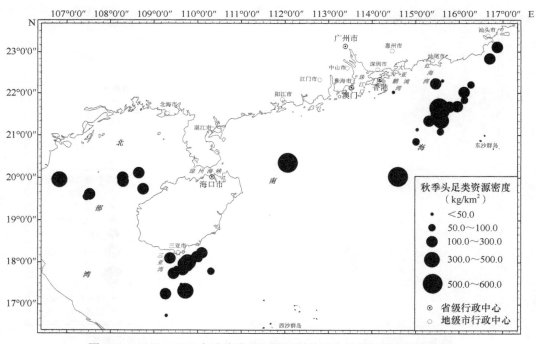

图 1-42　1973—1977 年南海北部部分区域秋季头足类资源密度分布图

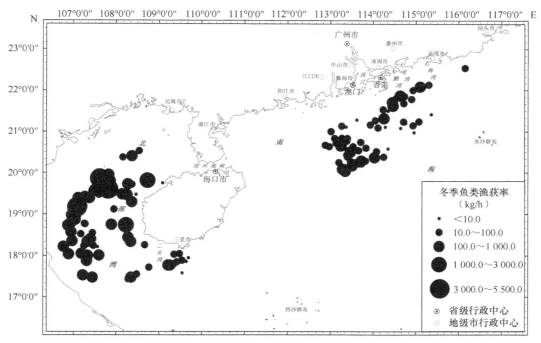

图 1-43   1973—1977 年南海北部部分区域冬季鱼类渔获率分布图

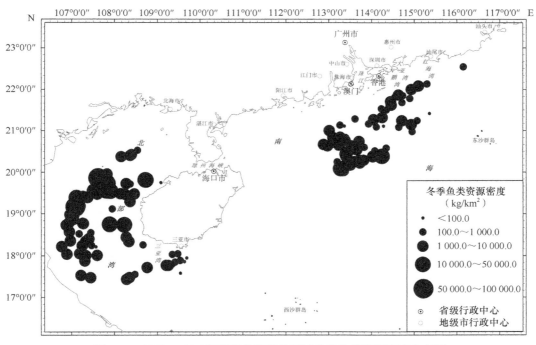

图 1-44   1973—1977 年南海北部部分区域冬季鱼类资源密度分布图

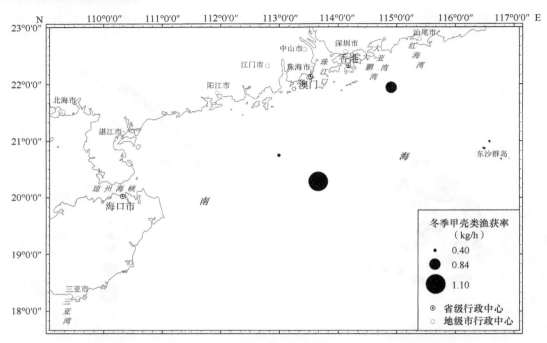

图 1-45　1973—1977 年南海北部部分区域冬季甲壳类渔获率分布图

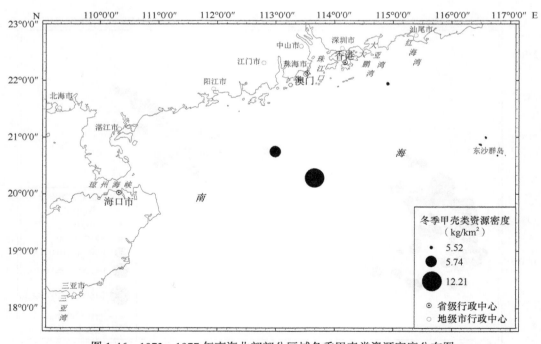

图 1-46　1973—1977 年南海北部部分区域冬季甲壳类资源密度分布图

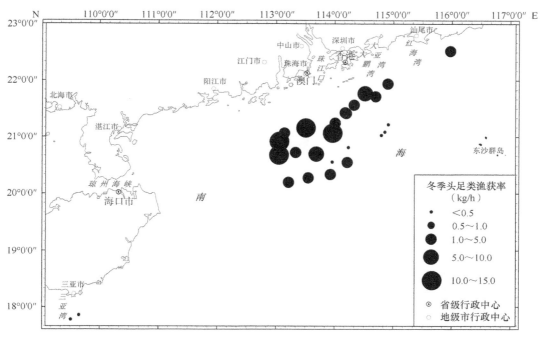

图 1-47 1973—1977 年南海北部部分区域冬季头足类渔获率分布图

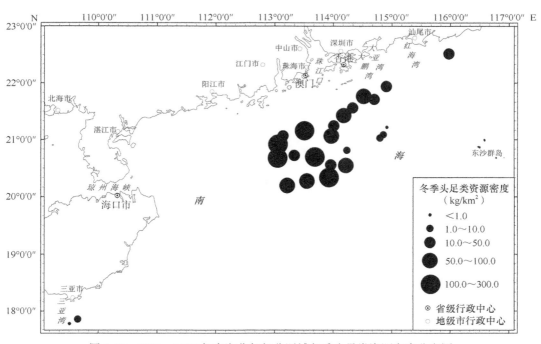

图 1-48 1973—1977 年南海北部部分区域冬季头足类资源密度分布图

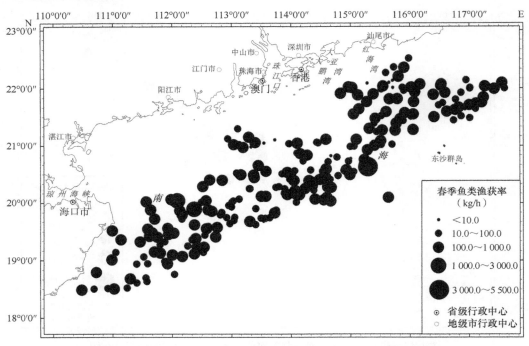

图 1-49 1978—1979 年南海北部部分区域春季鱼类渔获率分布图

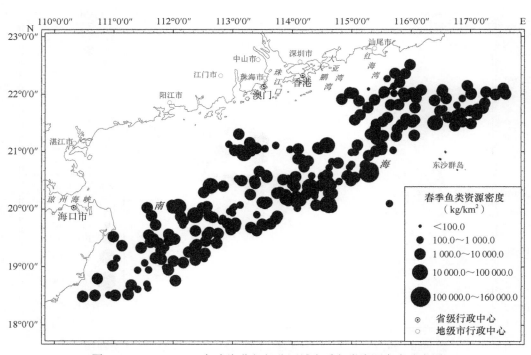

图 1-50 1978—1979 年南海北部部分区域春季鱼类资源密度分布图

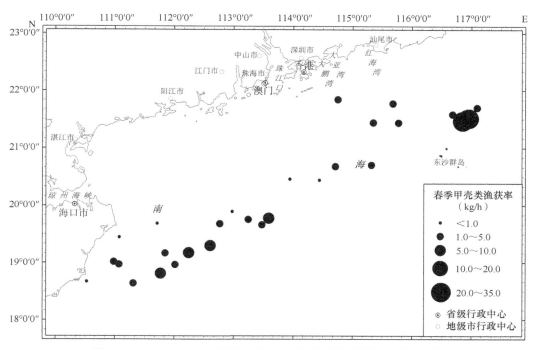

图 1-51 1978—1979 年南海北部部分区域春季甲壳类渔获率分布图

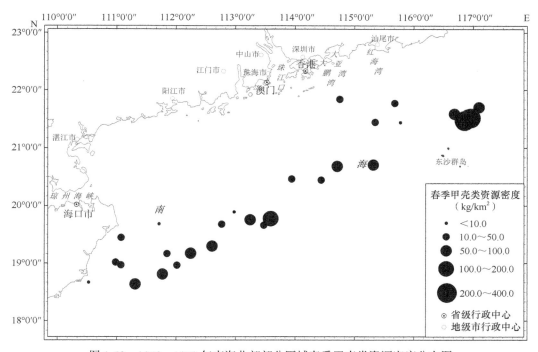

图 1-52 1978—1979 年南海北部部分区域春季甲壳类资源密度分布图

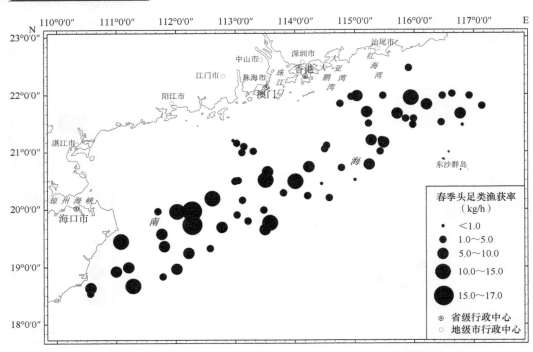

图 1-53　1978—1979 年南海北部部分区域春季头足类渔获率分布图

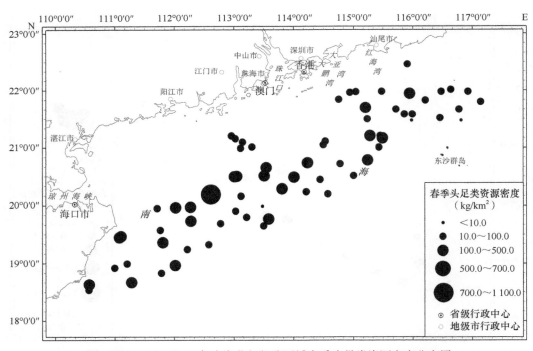

图 1-54　1978—1979 年南海北部部分区域春季头足类资源密度分布图

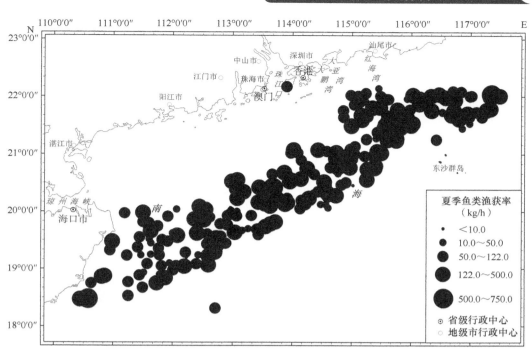

图 1-55　1978—1979 年南海北部部分区域夏季鱼类渔获率分布图

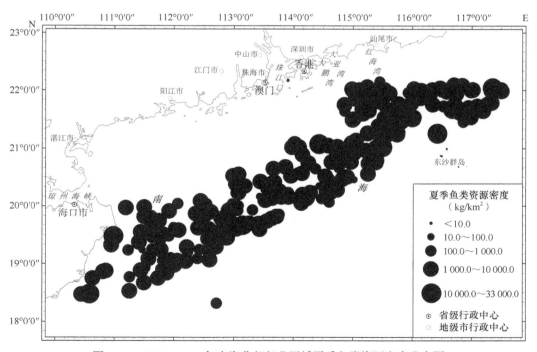

图 1-56　1978—1979 年南海北部部分区域夏季鱼类资源密度分布图

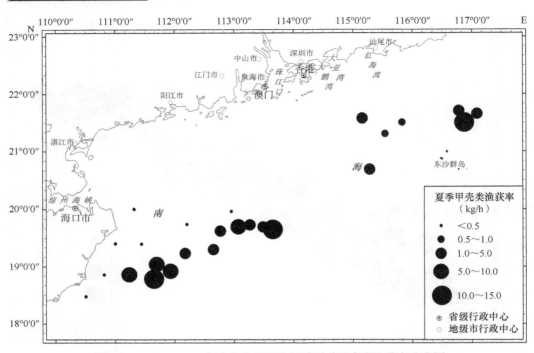

图 1-57　1978—1979 年南海北部部分区域夏季甲壳类渔获率分布图

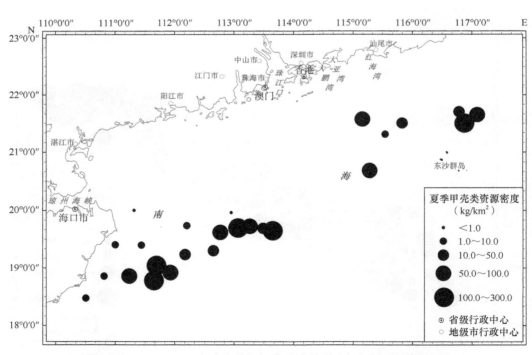

图 1-58　1978—1979 年南海北部部分区域夏季甲壳类资源密度分布图

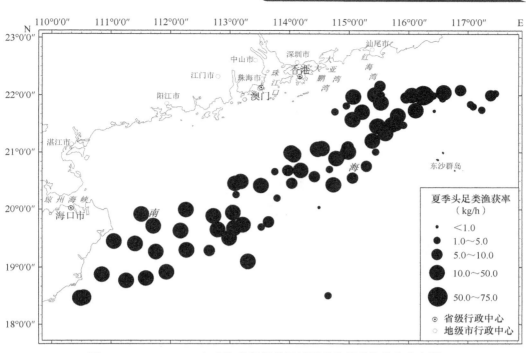

图 1-59 1978—1979 年南海北部部分区域夏季头足类渔获率分布图

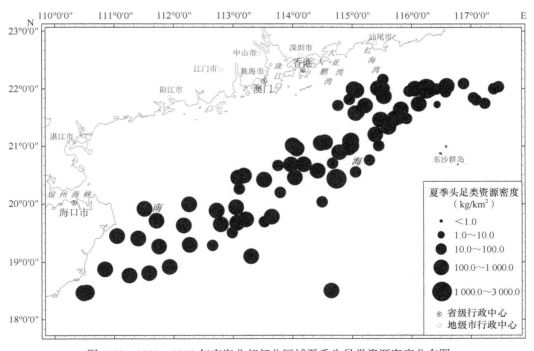

图 1-60 1978—1979 年南海北部部分区域夏季头足类资源密度分布图

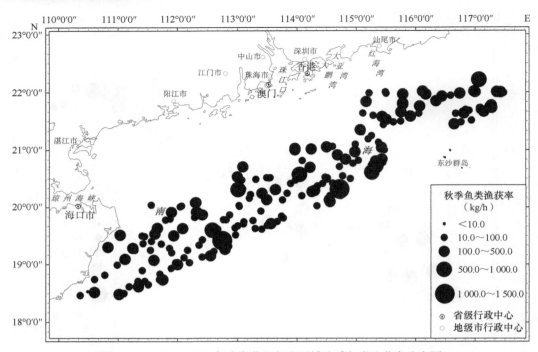

图 1-61　1978—1979 年南海北部部分区域秋季鱼类渔获率分布图

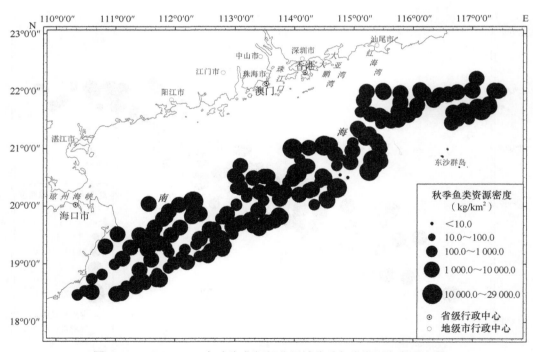

图 1-62　1978—1979 年南海北部部分区域秋季鱼类资源密度分布图

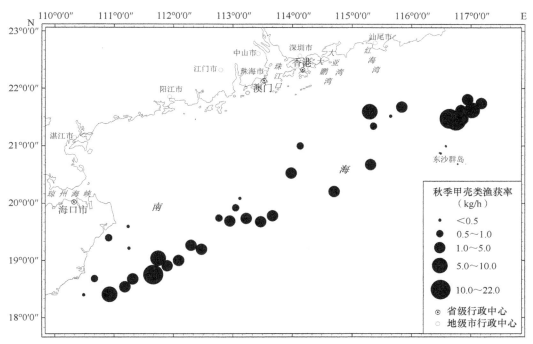

图1-63　1978—1979年南海北部部分区域秋季甲壳类渔获率分布图

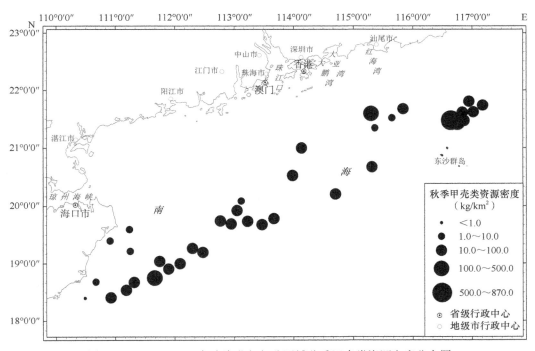

图1-64　1978—1979年南海北部部分区域秋季甲壳类资源密度分布图

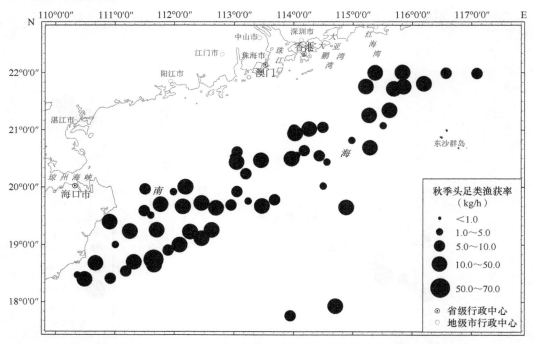

图 1-65　1978—1979 年南海北部部分区域秋季头足类渔获率分布图

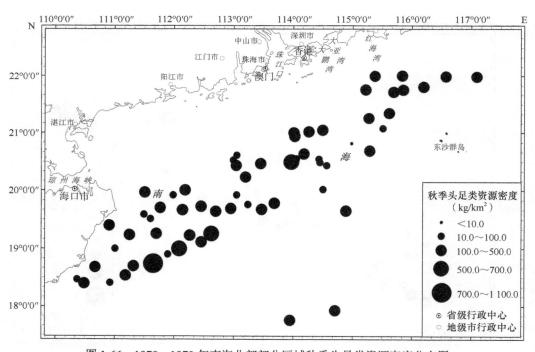

图 1-66　1978—1979 年南海北部部分区域秋季头足类资源密度分布图

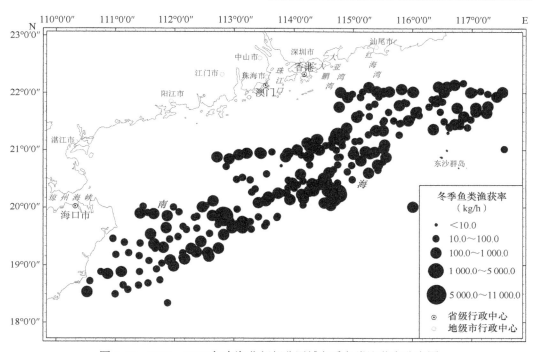

图 1-67　1978—1979 年南海北部部分区域冬季鱼类渔获率分布图

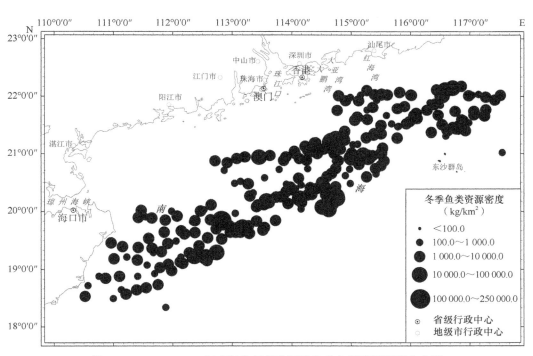

图 1-68　1978—1979 年南海北部部分区域冬季鱼类资源密度分布图

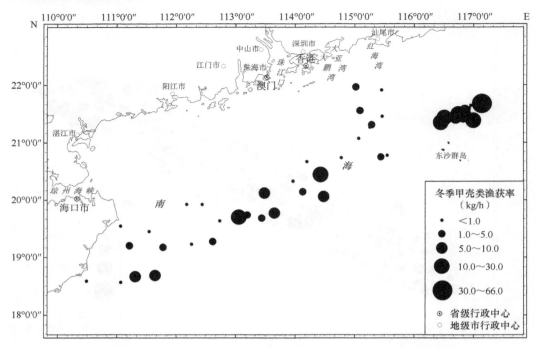

图 1-69　1978—1979 年南海北部部分区域冬季甲壳类渔获率分布图

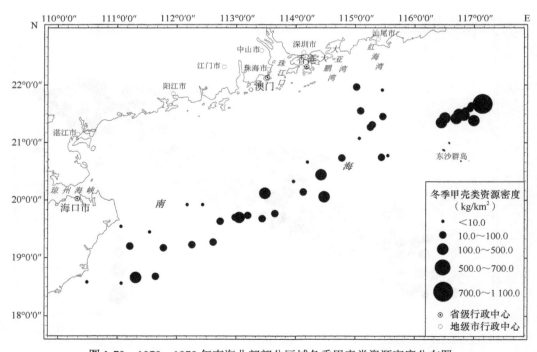

图 1-70　1978—1979 年南海北部部分区域冬季甲壳类资源密度分布图

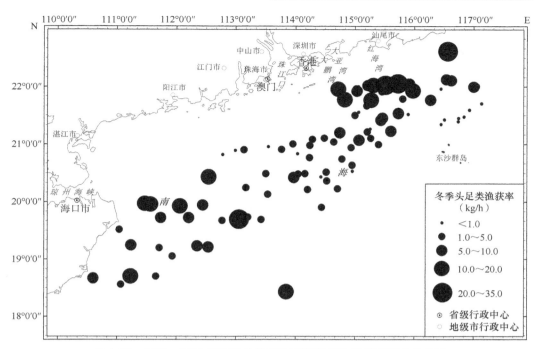

图 1-71 1978—1979 年南海北部部分区域冬季头足类渔获率分布图

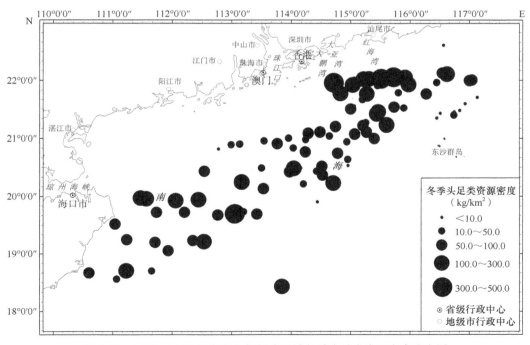

图 1-72 1978—1979 年南海北部部分区域冬季头足类资源密度分布图

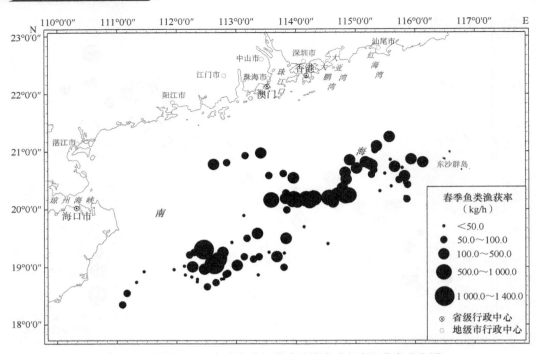

图 1-73　1979—1980 年南海北部部分区域春季鱼类渔获率分布图

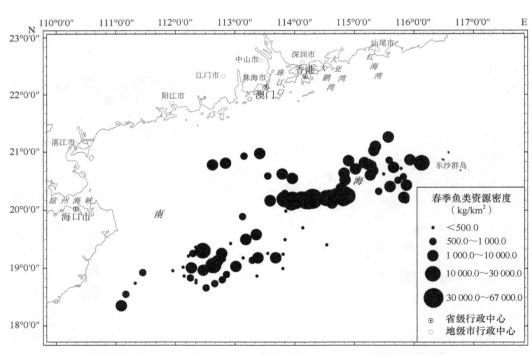

图 1-74　1979—1980 年南海北部部分区域春季鱼类资源密度分布图

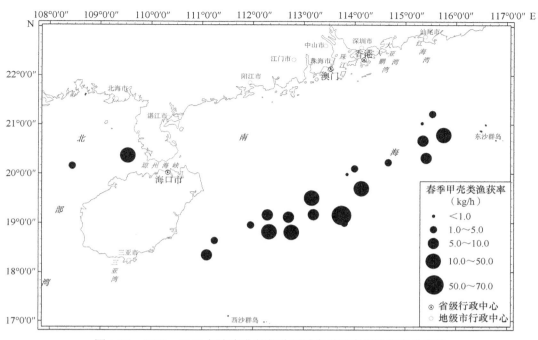

图 1-75　1979—1980 年南海北部部分区域春季甲壳类渔获率分布图

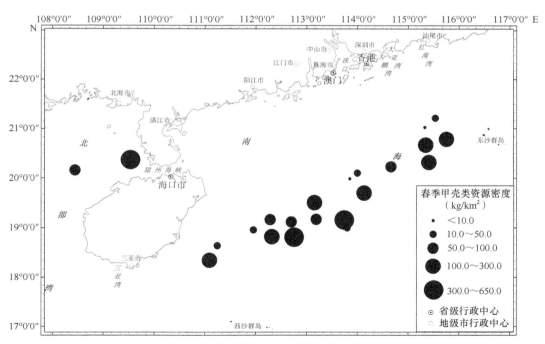

图 1-76　1979—1980 年南海北部部分区域春季甲壳类资源密度分布图

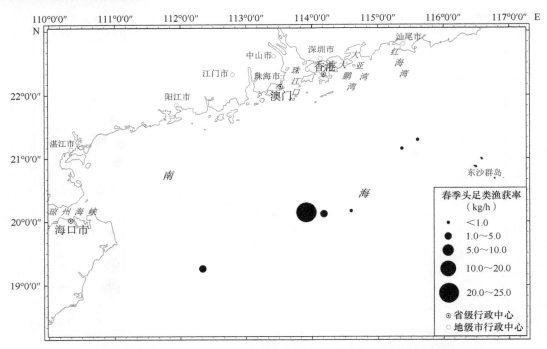

图 1-77　1979—1980 年南海北部部分区域春季头足类渔获率分布图

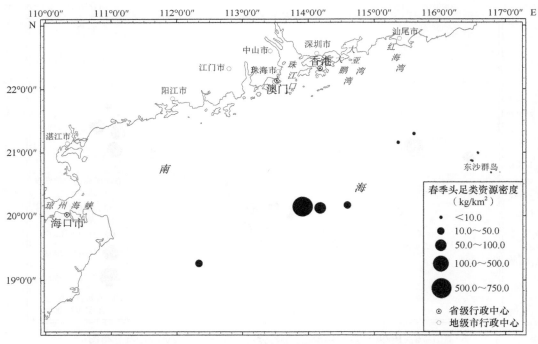

图 1-78　1979—1980 年南海北部部分区域春季头足类资源密度分布图

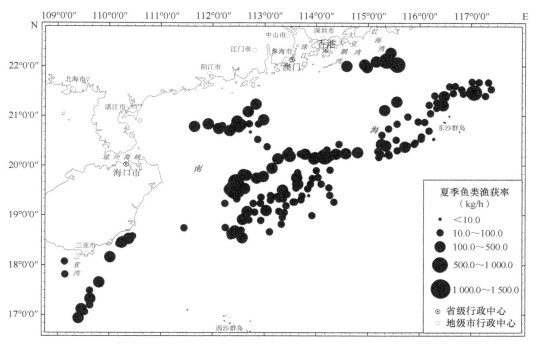

图 1-79　1979—1980 年南海北部部分区域夏季鱼类渔获率分布图

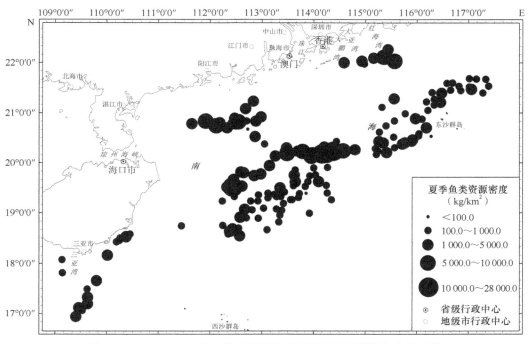

图 1-80　1979—1980 年南海北部部分区域夏季鱼类资源密度分布图

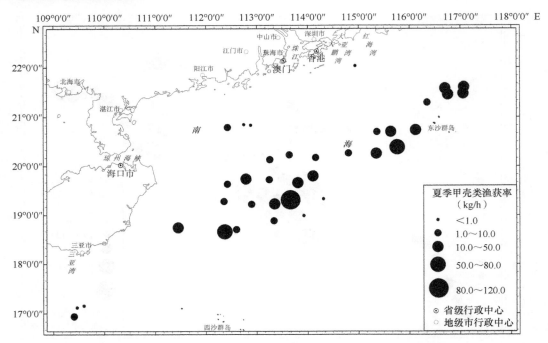

图 1-81　1979—1980 年南海北部部分区域夏季甲壳类渔获率分布图

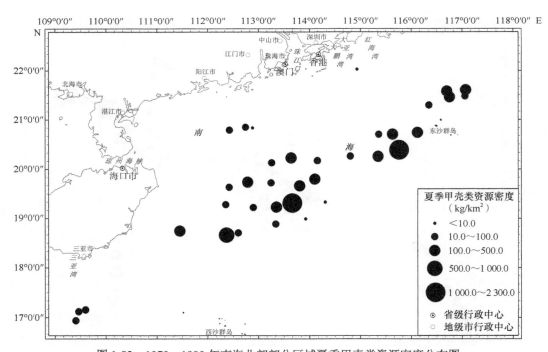

图 1-82　1979—1980 年南海北部部分区域夏季甲壳类资源密度分布图

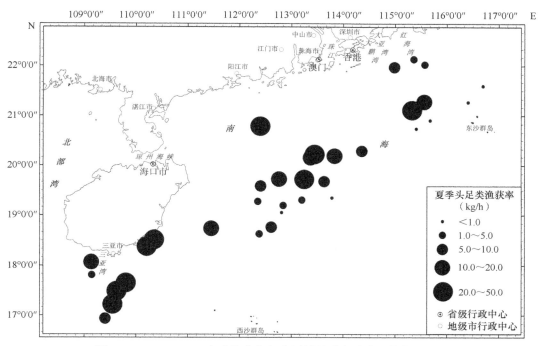

图 1-83　1979—1980 年南海北部部分区域夏季头足类渔获率分布图

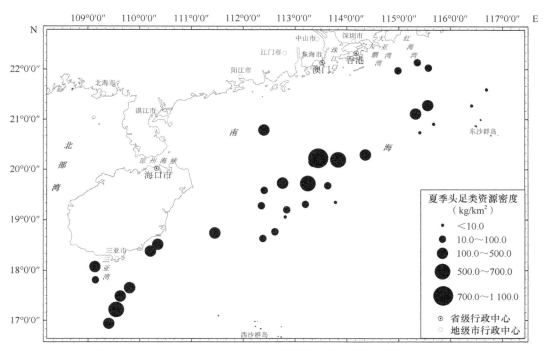

图 1-84　1979—1980 年南海北部部分区域夏季头足类资源密度分布图

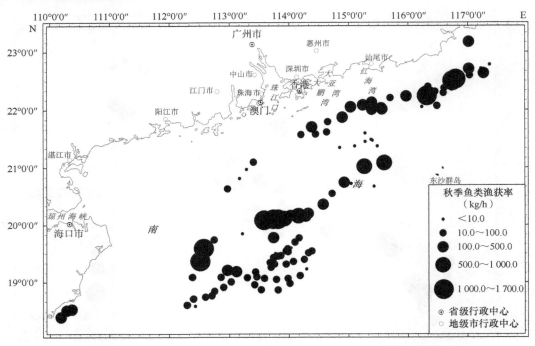

图 1-85　1979—1980 年南海北部部分区域秋季鱼类渔获率分布图

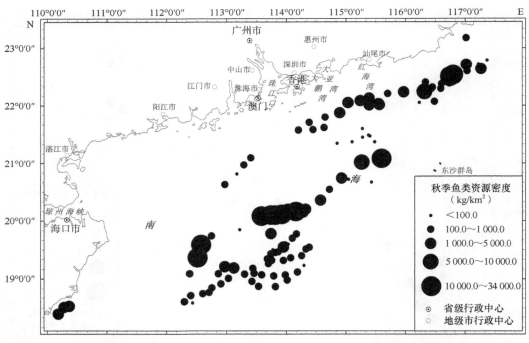

图 1-86　1979—1980 年南海北部部分区域秋季鱼类资源密度分布图

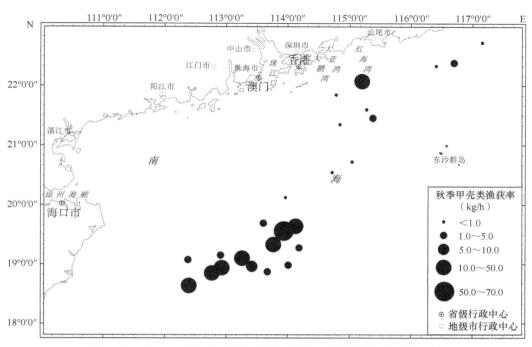

图 1-87 1979—1980 年南海北部部分区域秋季甲壳类渔获率分布图

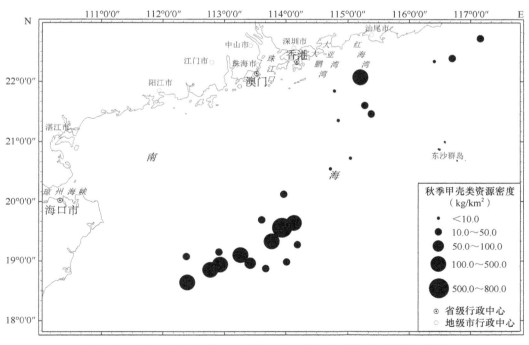

图 1-88 1979—1980 年南海北部部分区域秋季甲壳类资源密度分布图

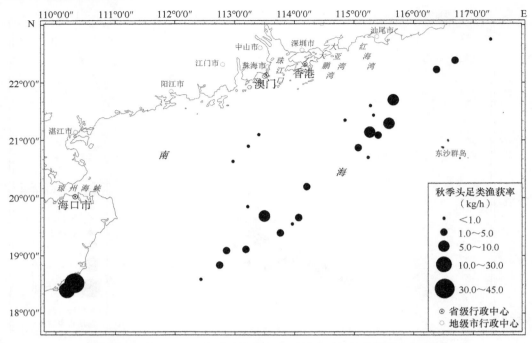

图 1-89　1979—1980 年南海北部部分区域秋季头足类渔获率分布图

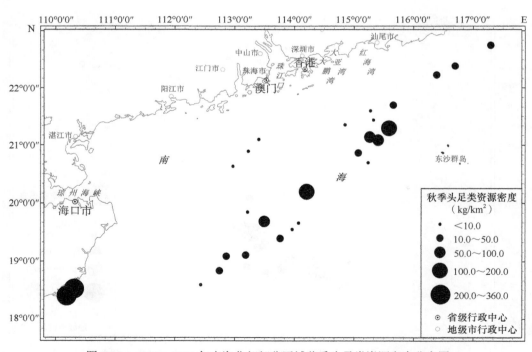

图 1-90　1979—1980 年南海北部部分区域秋季头足类资源密度分布图

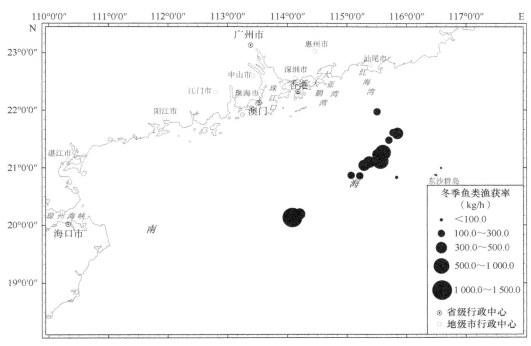

图 1-91　1979—1980 年南海北部部分区域冬季鱼类渔获率分布图

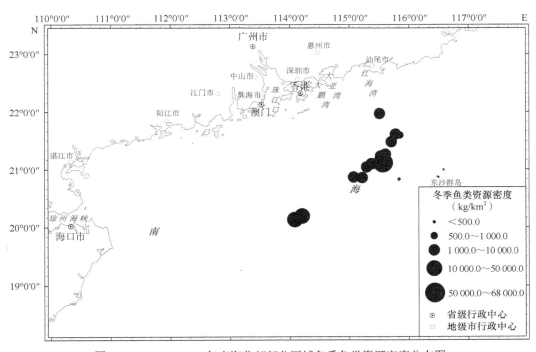

图 1-92　1979—1980 年南海北部部分区域冬季鱼类资源密度分布图

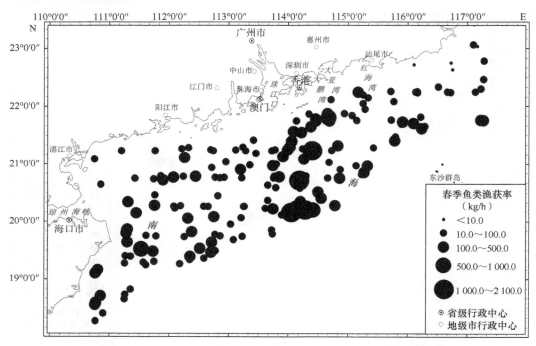

图1-93 1981—1984年南海北部部分区域春季鱼类渔获率分布图

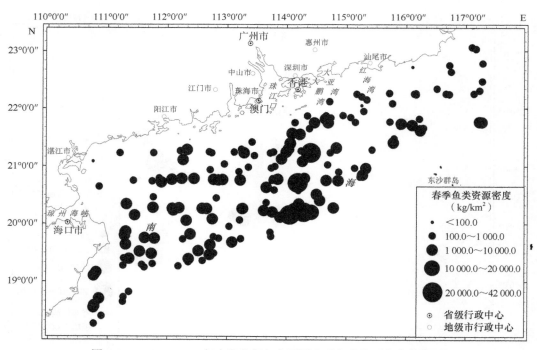

图1-94 1981—1984年南海北部部分区域春季鱼类资源密度分布图

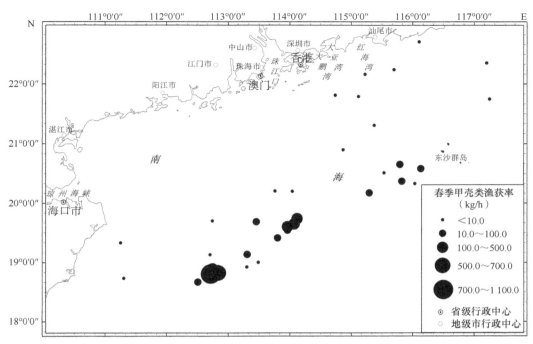

图 1-95　1981—1984 年南海北部部分区域春季甲壳类渔获率分布图

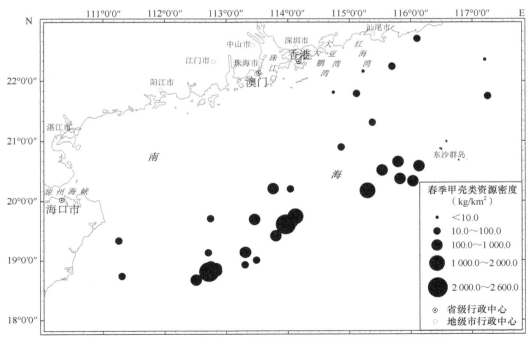

图 1-96　1981—1984 年南海北部部分区域春季甲壳类资源密度分布图

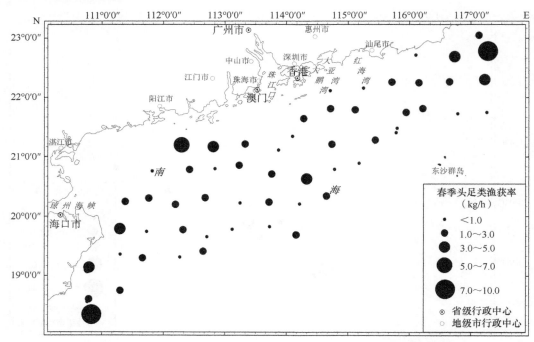

图 1-97　1981—1984 年南海北部部分区域春季头足类渔获率分布图

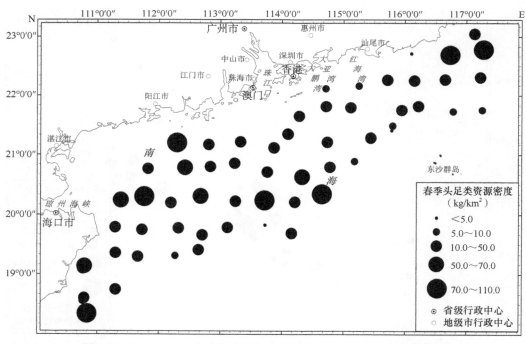

图 1-98　1981—1984 年南海北部部分区域春季头足类资源密度分布图

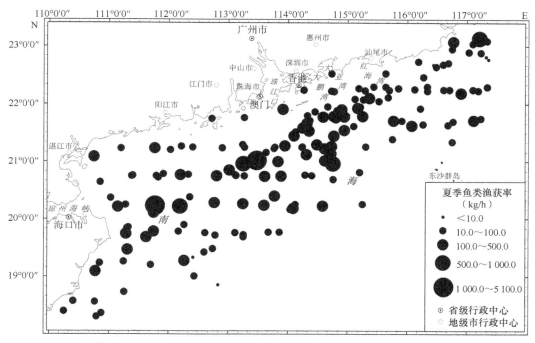

图 1-99　1981—1984 年南海北部部分区域夏季鱼类渔获率分布图

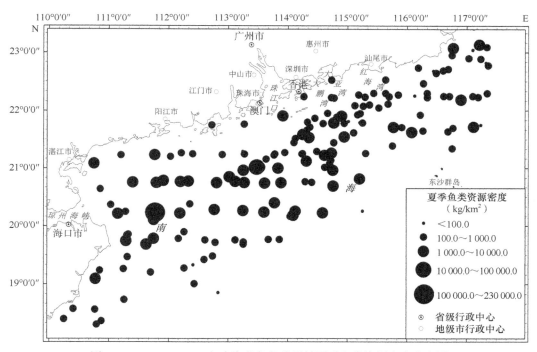

图 1-100　1981—1984 年南海北部部分区域夏季鱼类资源密度分布图

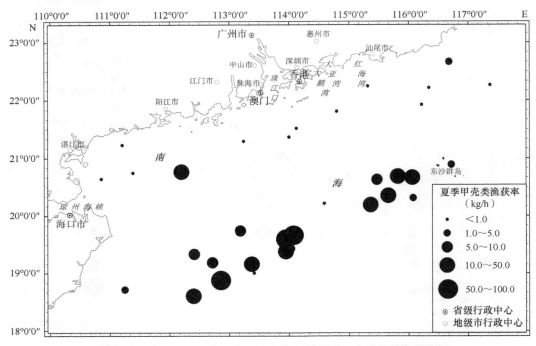

图 1-101　1981—1984 年南海北部部分区域夏季甲壳类渔获率分布图

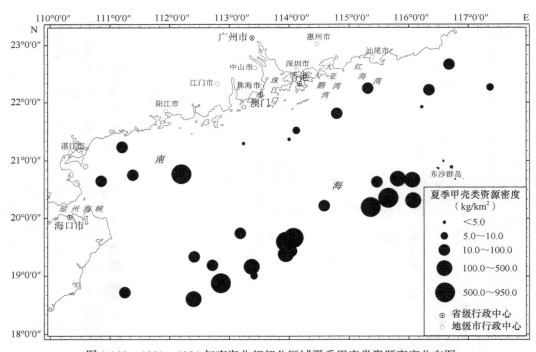

图 1-102　1981—1984 年南海北部部分区域夏季甲壳类资源密度分布图

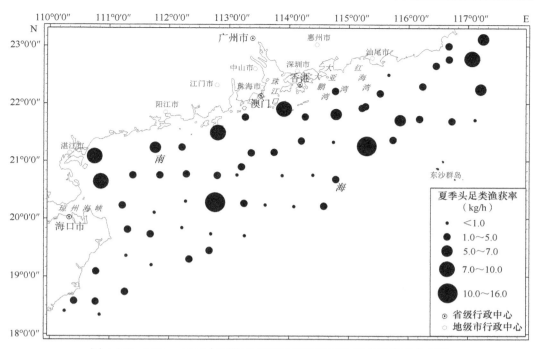

图 1-103　1981—1984 年南海北部部分区域夏季头足类渔获率分布图

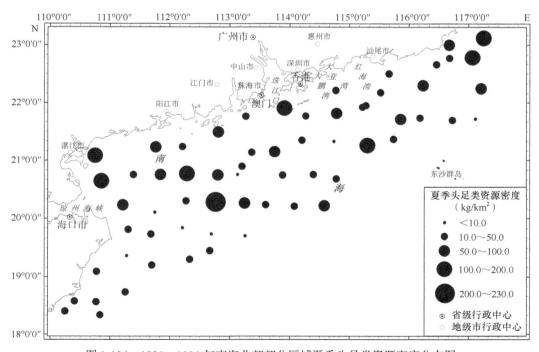

图 1-104　1981—1984 年南海北部部分区域夏季头足类资源密度分布图

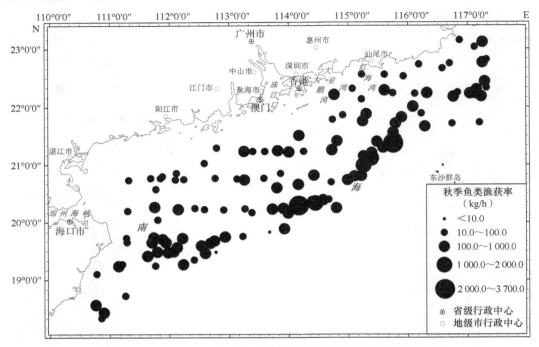

图 1-105　1981—1984 年南海北部部分区域秋季鱼类渔获率分布图

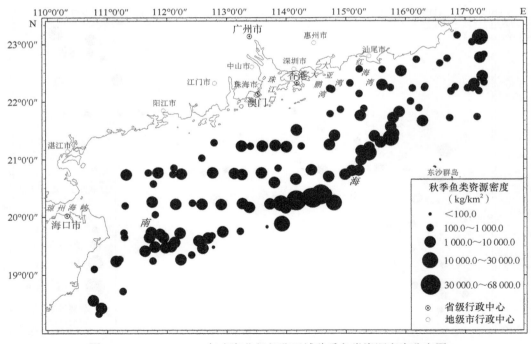

图 1-106　1981—1984 年南海北部部分区域秋季鱼类资源密度分布图

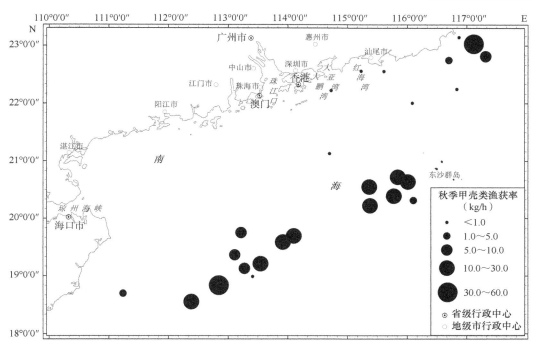

图 1-107　1981—1984 年南海北部部分区域秋季甲壳类渔获率分布图

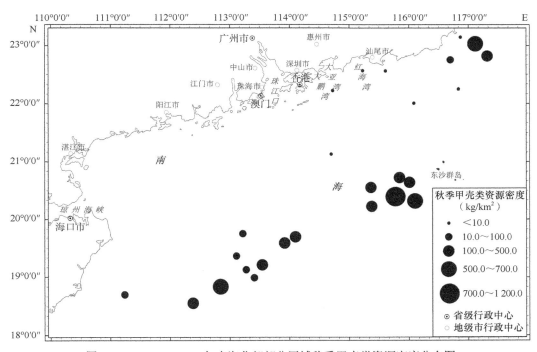

图 1-108　1981—1984 年南海北部部分区域秋季甲壳类资源密度分布图

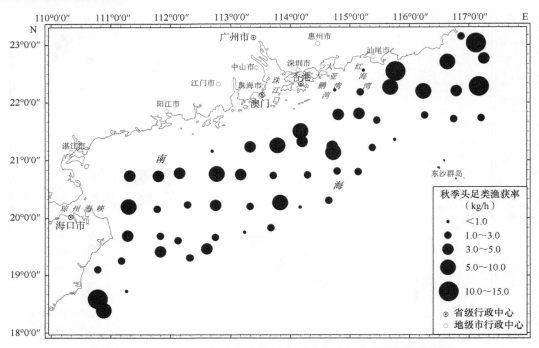

图 1-109　1981—1984 年南海北部部分区域秋季头足类渔获率分布图

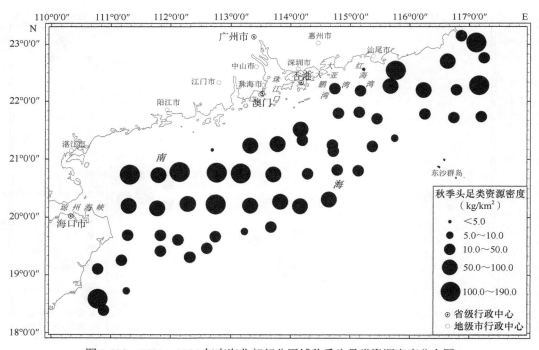

图 1-110　1981—1984 年南海北部部分区域秋季头足类资源密度分布图

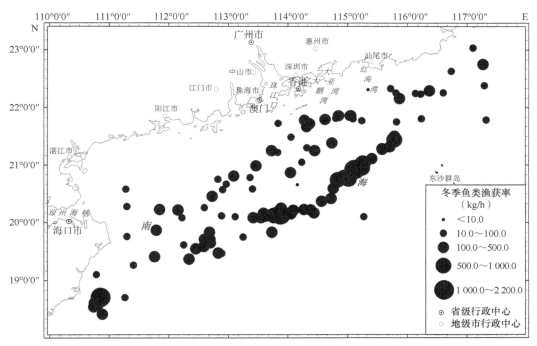

图 1-111 1981—1984 年南海北部部分区域冬季鱼类渔获率分布图

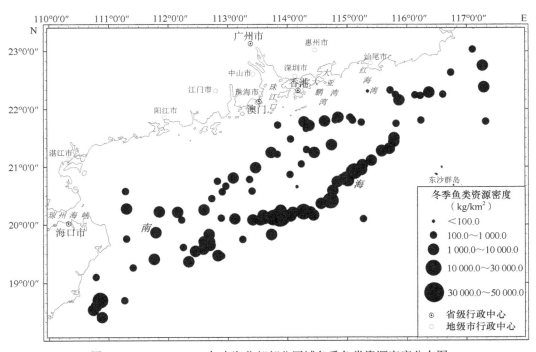

图 1-112 1981—1984 年南海北部部分区域冬季鱼类资源密度分布图

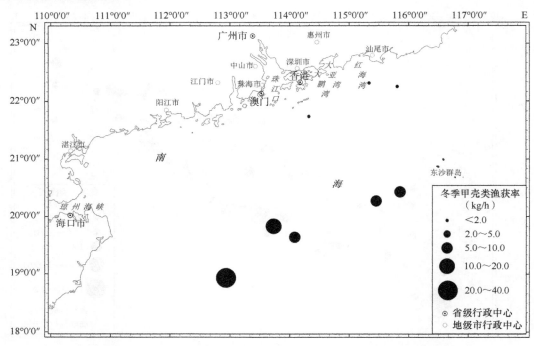

图 1-113　1981—1984 年南海北部部分区域冬季甲壳类渔获率分布图

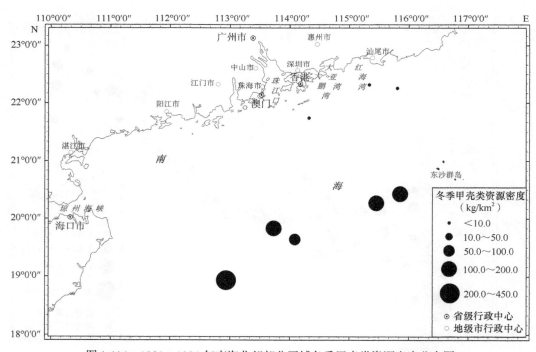

图 1-114　1981—1984 年南海北部部分区域冬季甲壳类资源密度分布图

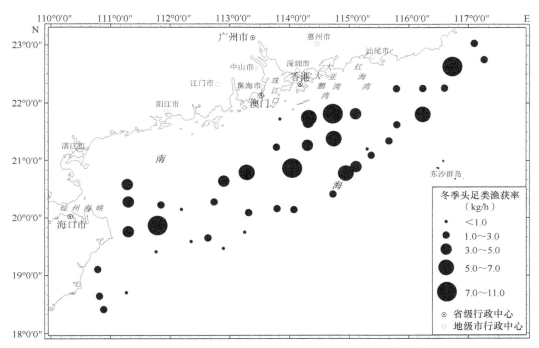

图 1-115 1981—1984 年南海北部部分区域冬季头足类渔获率分布图

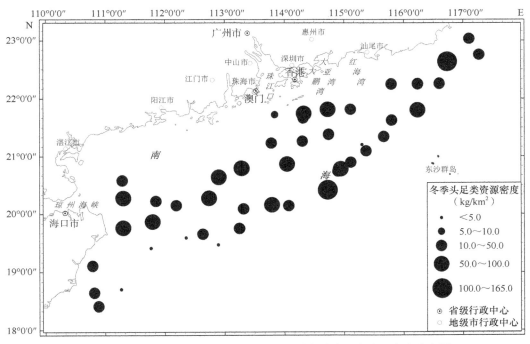

图 1-116 1981—1984 年南海北部部分区域冬季头足类资源密度分布图

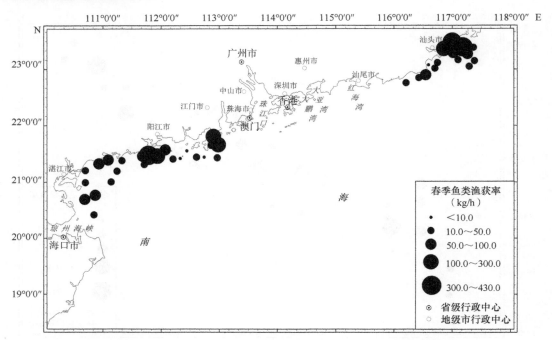

图 1-117　1989—1991 年南海北部部分区域春季鱼类渔获率分布图

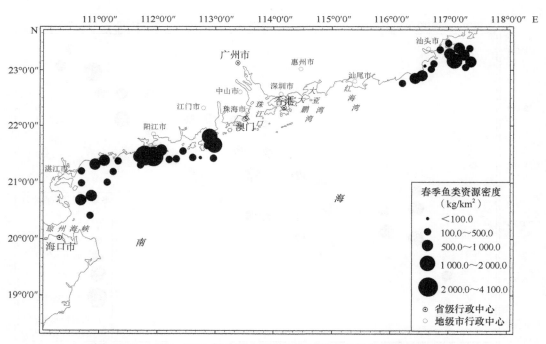

图 1-118　1989—1991 年南海北部部分区域春季鱼类资源密度分布图

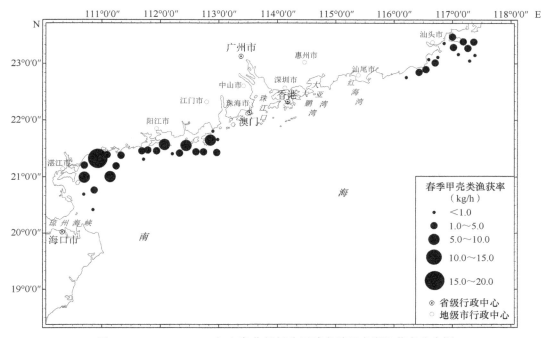

图 1-119 1989—1991 年南海北部部分区域春季甲壳类渔获率分布图

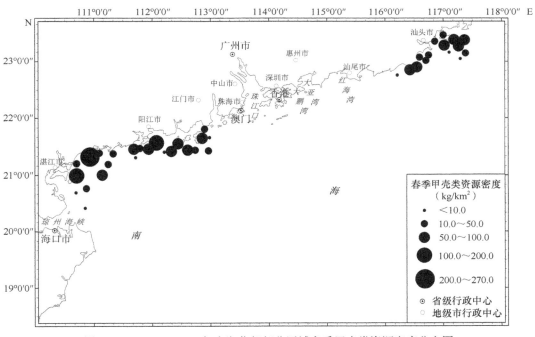

图 1-120 1989—1991 年南海北部部分区域春季甲壳类资源密度分布图

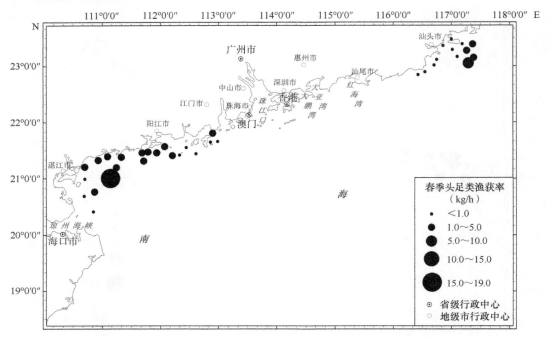

图 1-121　1989—1991 年南海北部部分区域春季头足类渔获率分布图

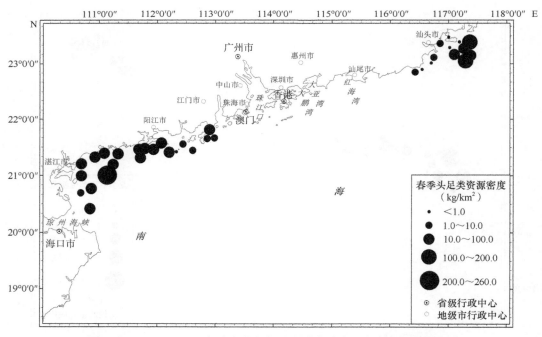

图 1-122　1989—1991 年南海北部部分区域春季头足类资源密度分布图

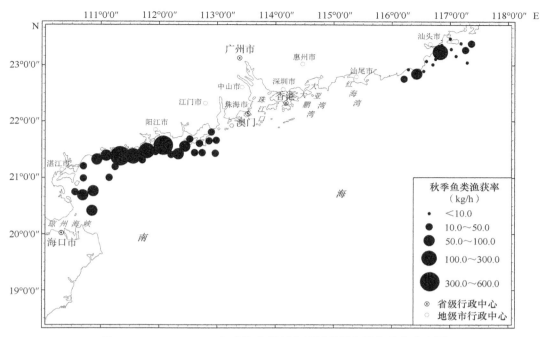

图 1-123　1989—1991 年南海北部部分区域秋季鱼类渔获率分布图

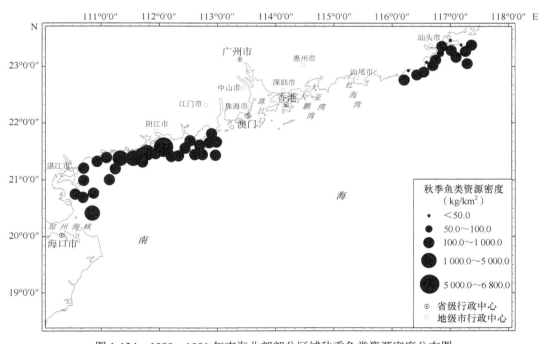

图 1-124　1989—1991 年南海北部部分区域秋季鱼类资源密度分布图

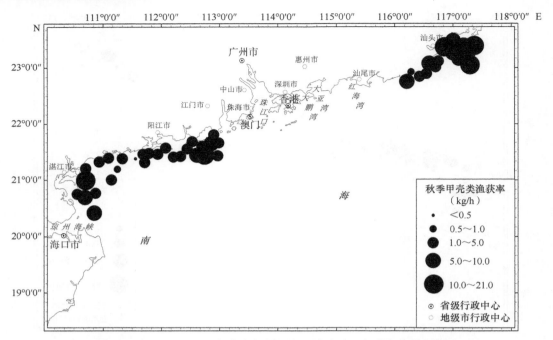

图 1-125　1989—1991 年南海北部部分区域秋季甲壳类渔获率分布图

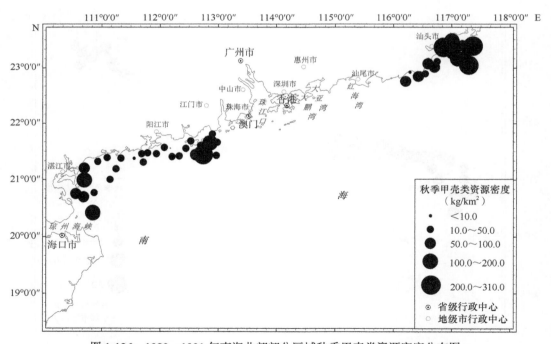

图 1-126　1989—1991 年南海北部部分区域秋季甲壳类资源密度分布图

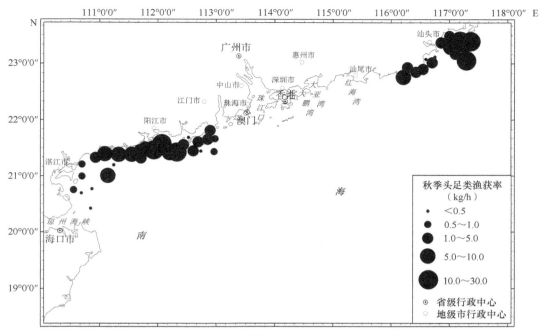

图 1-127　1989—1991 年南海北部部分区域秋季头足类渔获率分布图

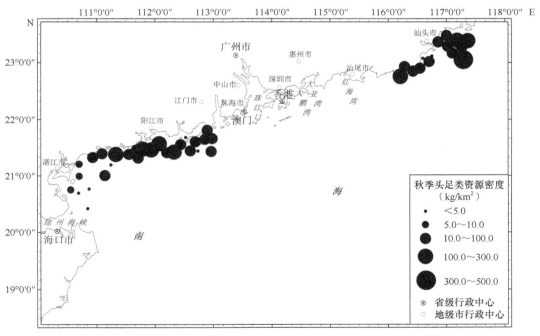

图 1-128　1989—1991 年南海北部部分区域秋季头足类资源密度分布图

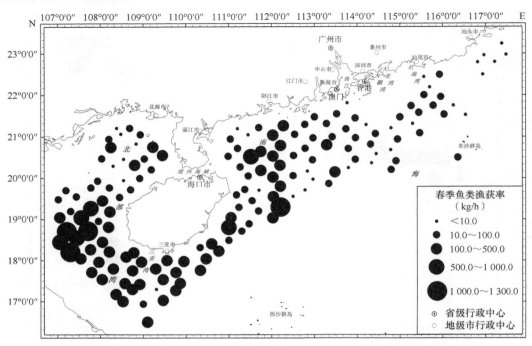

图 1-129　1997—1999 年南海北部部分区域春季鱼类渔获率分布图

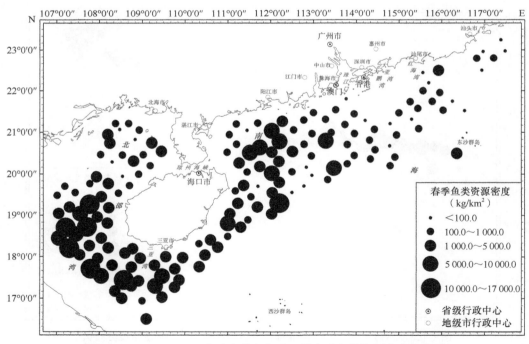

图 1-130　1997—1999 年南海北部部分区域春季鱼类资源密度分布图

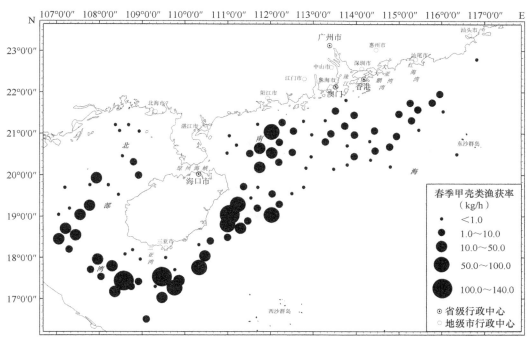

图 1-131　　1997—1999 年南海北部部分区域春季甲壳类渔获率分布图

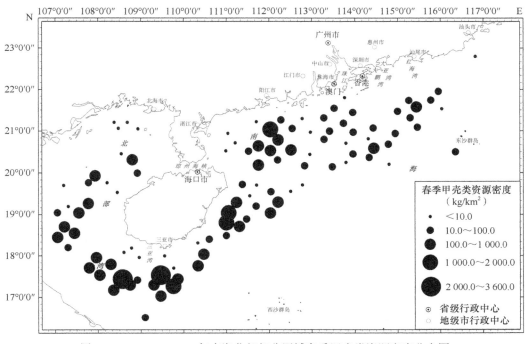

图 1-132　　1997—1999 年南海北部部分区域春季甲壳类资源密度分布图

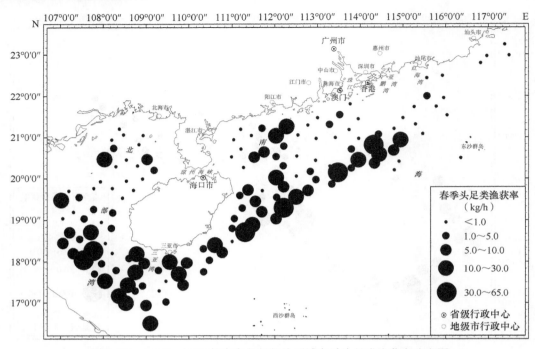

图 1-133　1997—1999 年南海北部部分区域春季头足类渔获率分布图

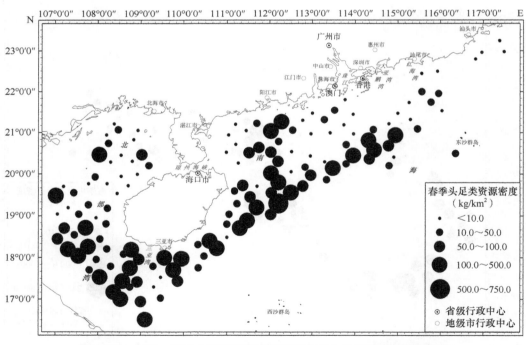

图 1-134　1997—1999 年南海北部部分区域春季头足类资源密度分布图

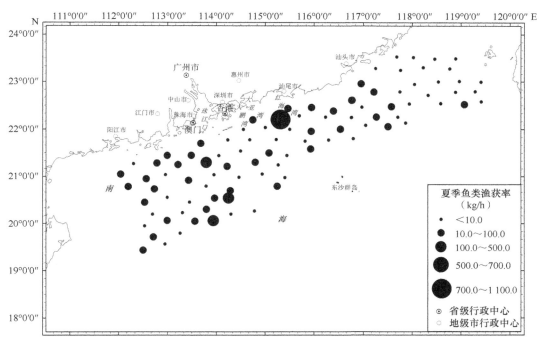

图 1-135　1997—1999 年南海北部部分区域夏季鱼类渔获率分布图

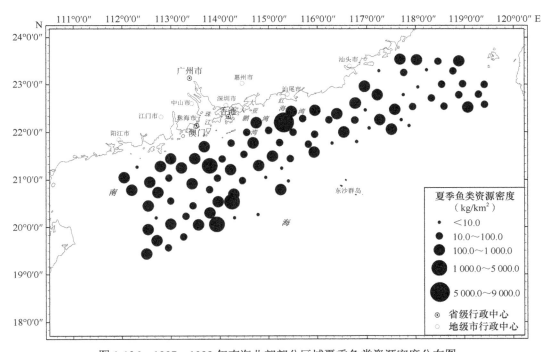

图 1-136　1997—1999 年南海北部部分区域夏季鱼类资源密度分布图

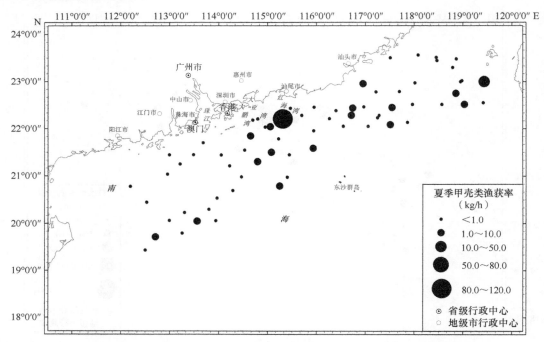

图 1-137　1997—1999 年南海北部部分区域夏季甲壳类渔获率分布图

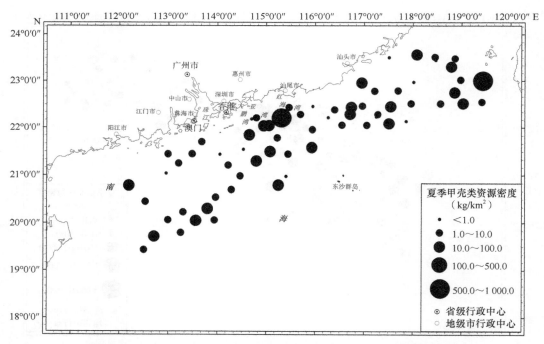

图 1-138　1997—1999 年南海北部部分区域夏季甲壳类资源密度分布图

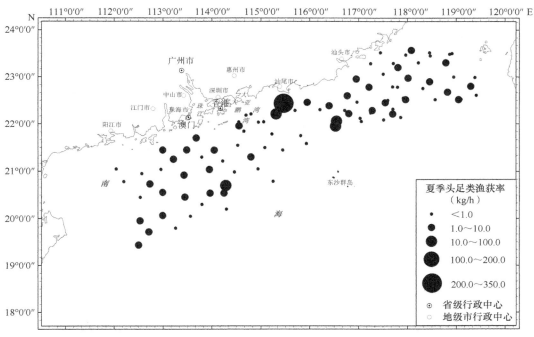

图 1-139 1997—1999 年南海北部部分区域夏季头足类渔获率分布图

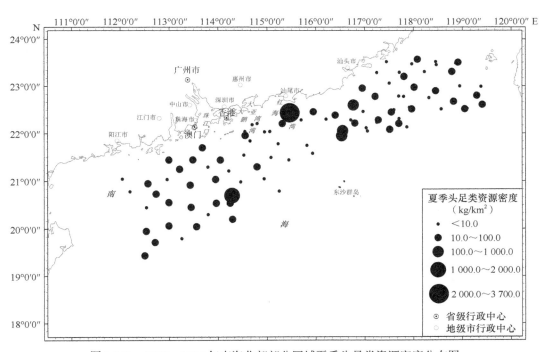

图 1-140 1997—1999 年南海北部部分区域夏季头足类资源密度分布图

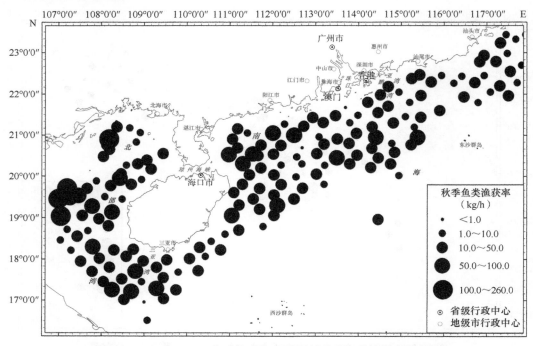

图 1-141　1997—1999 年南海北部部分区域秋季鱼类渔获率分布图

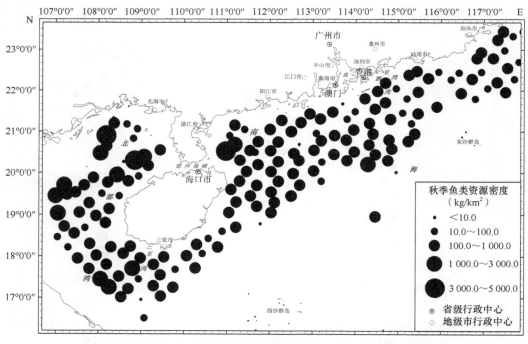

图 1-142　1997—1999 年南海北部部分区域秋季鱼类资源密度分布图

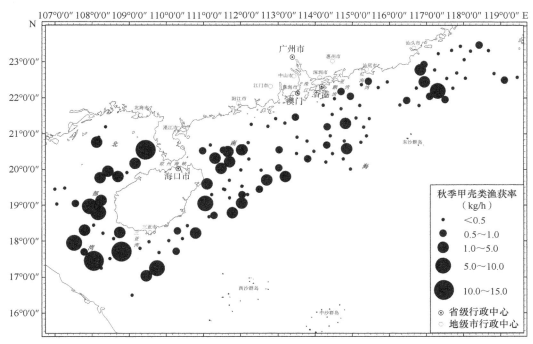

图 1-143　1997—1999 年南海北部部分区域秋季甲壳类渔获率分布图

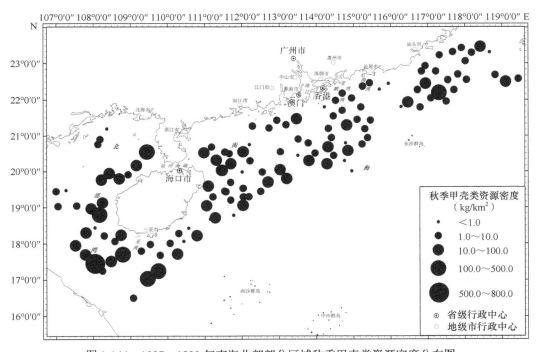

图 1-144　1997—1999 年南海北部部分区域秋季甲壳类资源密度分布图

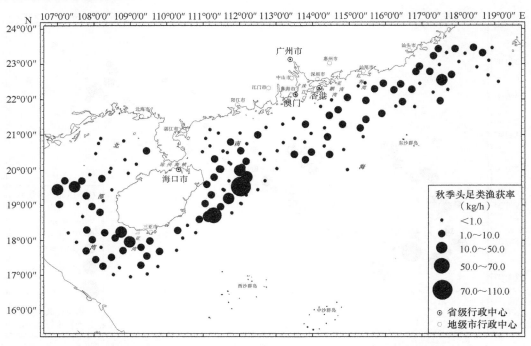

图 1-145　1997—1999 年南海北部部分区域秋季头足类渔获率分布图

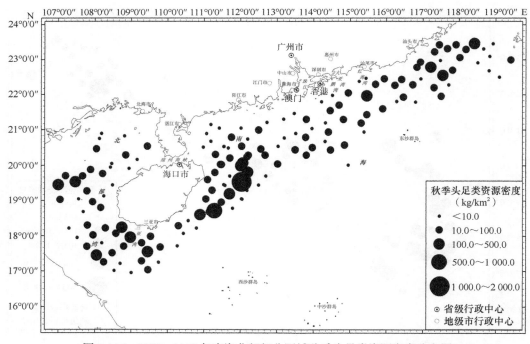

图 1-146　1997—1999 年南海北部部分区域秋季头足类资源密度分布图

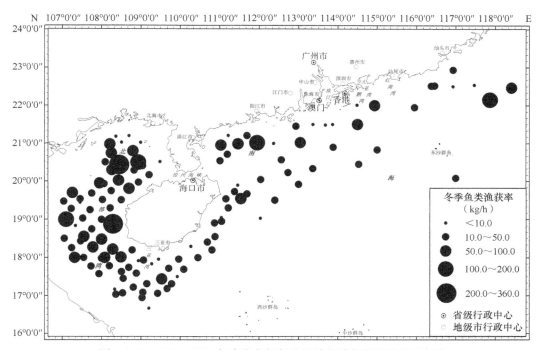

图1-147 1997—1999年南海北部部分区域冬季鱼类渔获率分布图

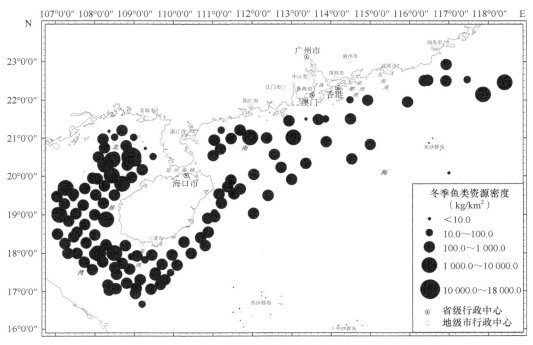

图1-148 1997—1999年南海北部部分区域冬季鱼类资源密度分布图

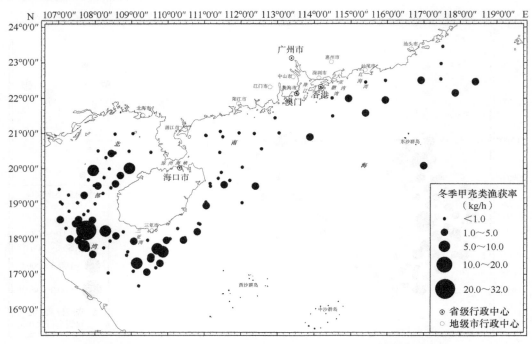

图 1-149　1997—1999 年南海北部部分区域冬季甲壳类渔获率分布图

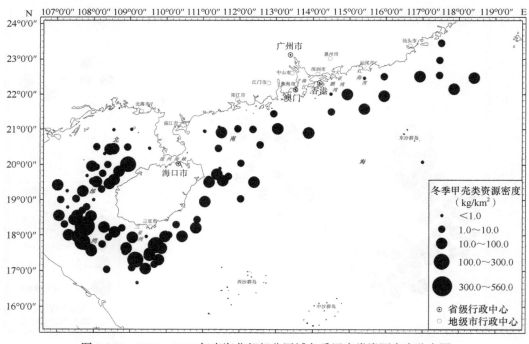

图 1-150　1997—1999 年南海北部部分区域冬季甲壳类资源密度分布图

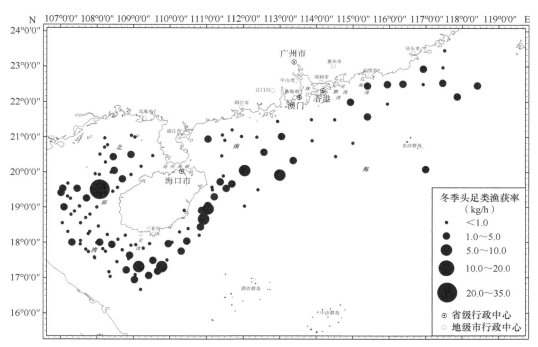

图 1-151　1997—1999 年南海北部部分区域冬季头足类渔获率分布图

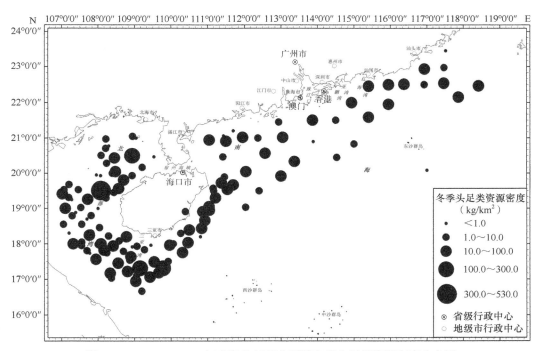

图 1-152　1997—1999 年南海北部部分区域冬季头足类资源密度分布图

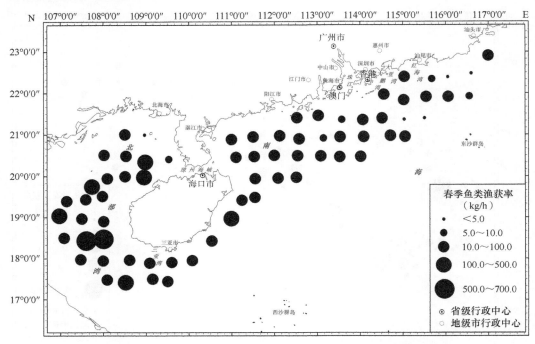

图 1-153　2000—2002 年南海北部部分区域春季鱼类渔获率分布图

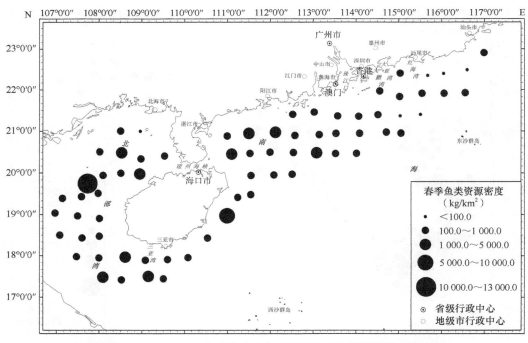

图 1-154　2000—2002 年南海北部部分区域春季鱼类资源密度分布图

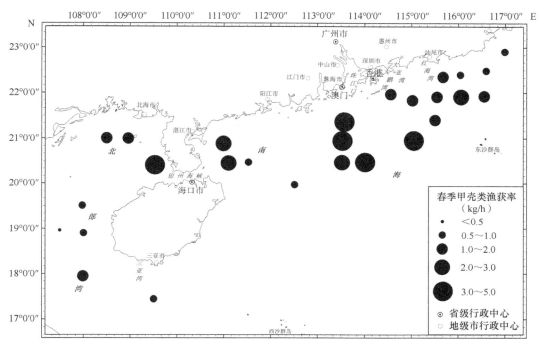

图 1-155 2000—2002 年南海北部部分区域春季甲壳类渔获率分布图

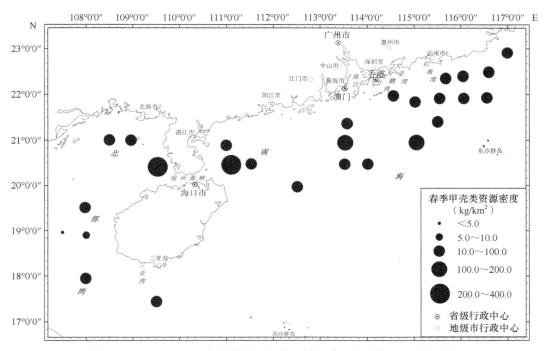

图 1-156 2000—2002 年南海北部部分区域春季甲壳类资源密度分布图

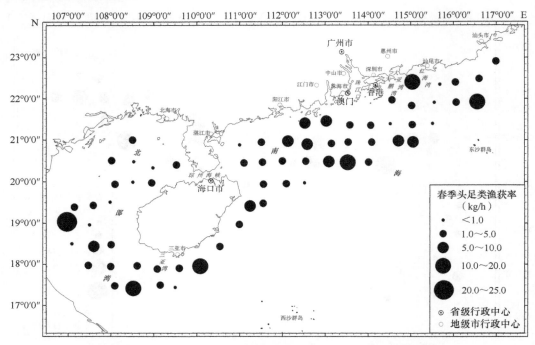

图 1-157　2000—2002 年南海北部部分区域春季头足类渔获率分布图

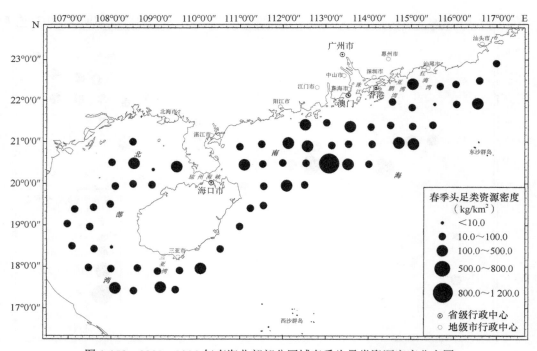

图 1-158　2000—2002 年南海北部部分区域春季头足类资源密度分布图

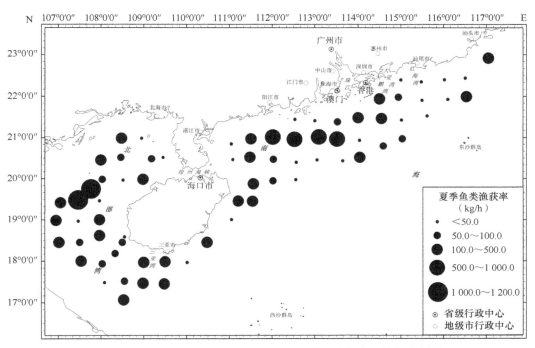

图 1-159　2000—2002 年南海北部部分区域夏季鱼类渔获率分布图

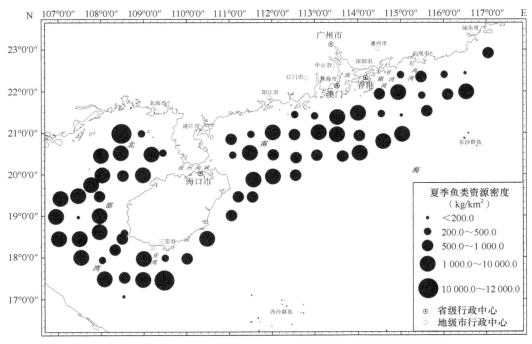

图 1-160　2000—2002 年南海北部部分区域夏季鱼类资源密度分布图

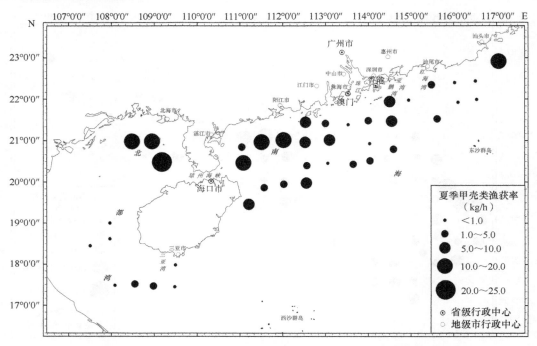

图 1-161　2000—2002 年南海北部部分区域夏季甲壳类渔获率分布图

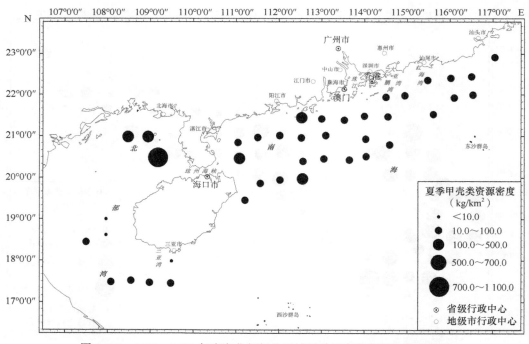

图 1-162　2000—2002 年南海北部部分区域夏季甲壳类资源密度分布图

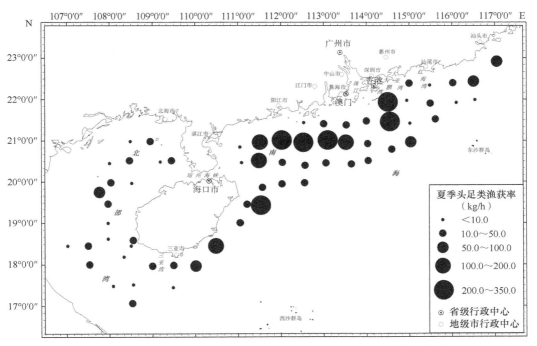

图 1-163 2000—2002 年南海北部部分区域夏季头足类渔获率分布图

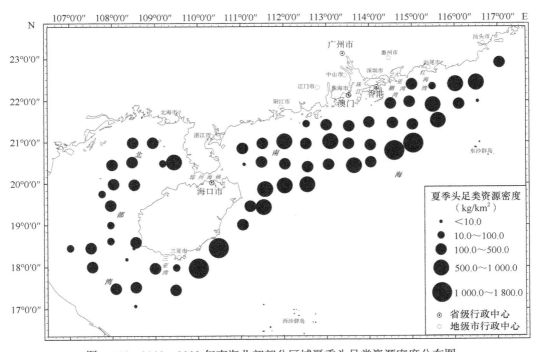

图 1-164 2000—2002 年南海北部部分区域夏季头足类资源密度分布图

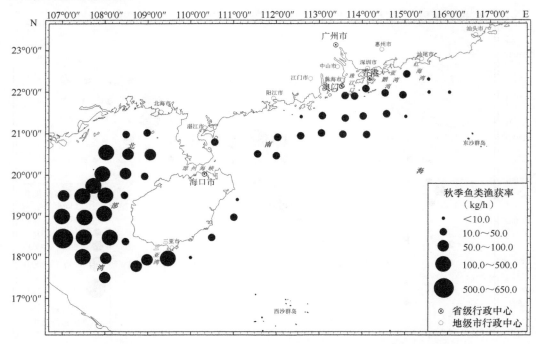

图 1-165　2000—2002 年南海北部部分区域秋季鱼类渔获率分布图

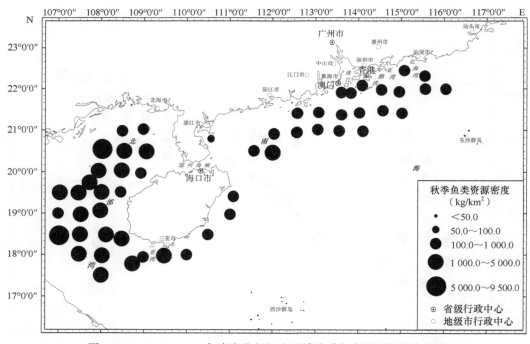

图 1-166　2000—2002 年南海北部部分区域秋季鱼类资源密度分布图

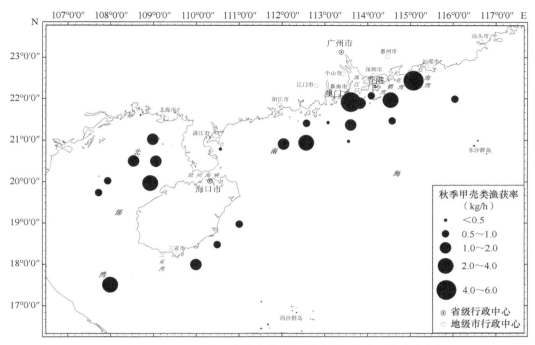

图 1-167 2000—2002 年南海北部部分区域秋季甲壳类渔获率分布图

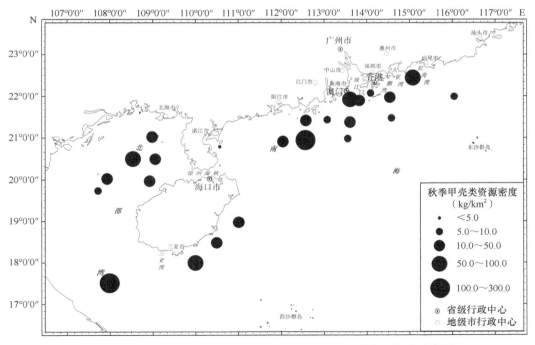

图 1-168 2000—2002 年南海北部部分区域秋季甲壳类资源密度分布图

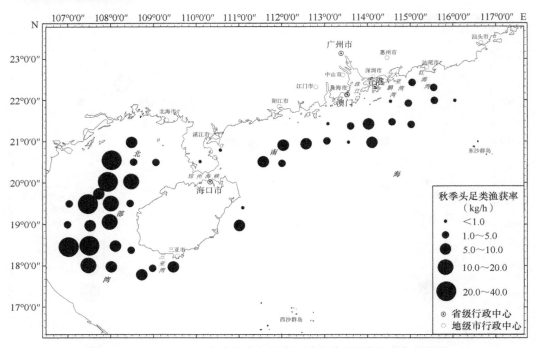

图 1-169　2000—2002 年南海北部部分区域秋季头足类渔获率分布图

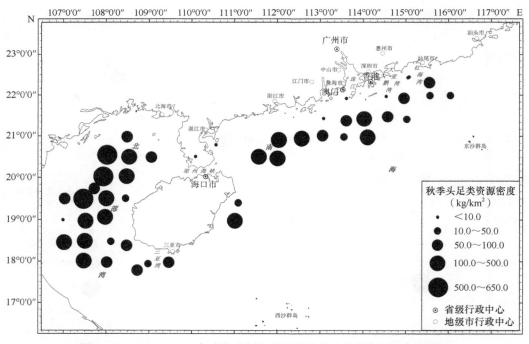

图 1-170　2000—2002 年南海北部部分区域秋季头足类资源密度分布图

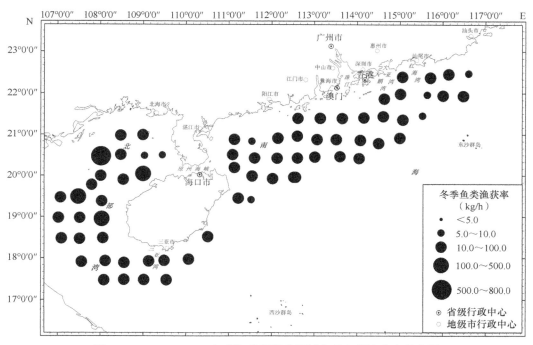

图 1-171　2000—2002 年南海北部部分区域冬季鱼类渔获率分布图

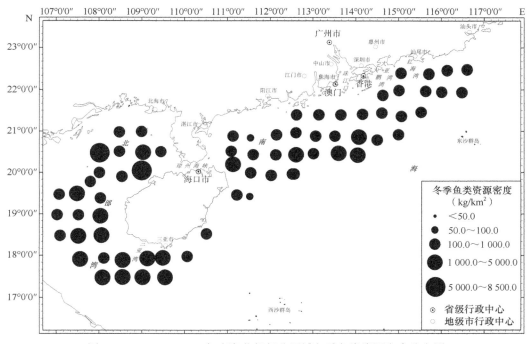

图 1-172　2000—2002 年南海北部部分区域冬季鱼类资源密度分布图

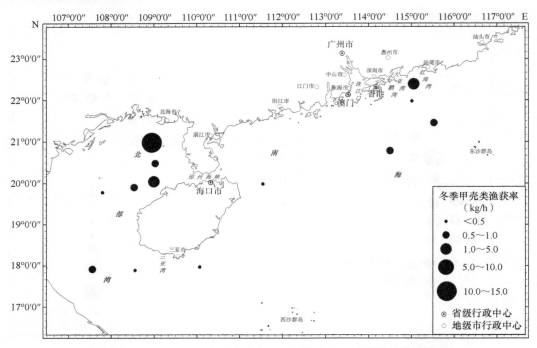

图 1-173　2000—2002 年南海北部部分区域冬季甲壳类渔获率分布图

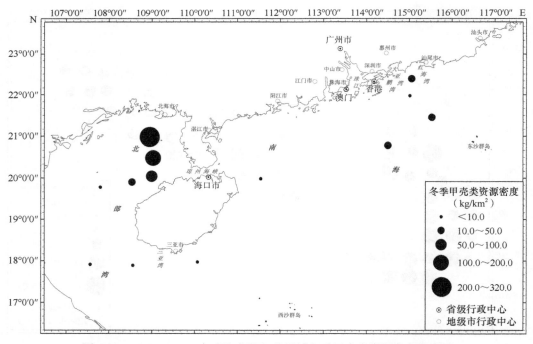

图 1-174　2000—2002 年南海北部部分区域冬季甲壳类资源密度分布图

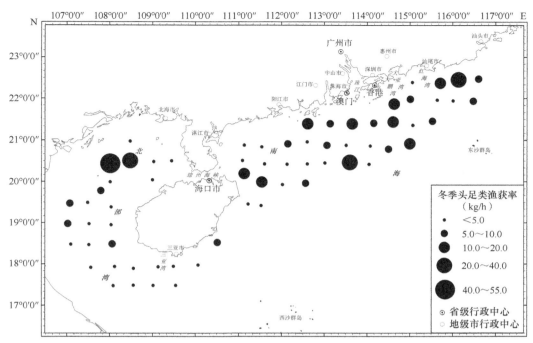

图 1-175 2000—2002 年南海北部部分区域冬季头足类渔获率分布图

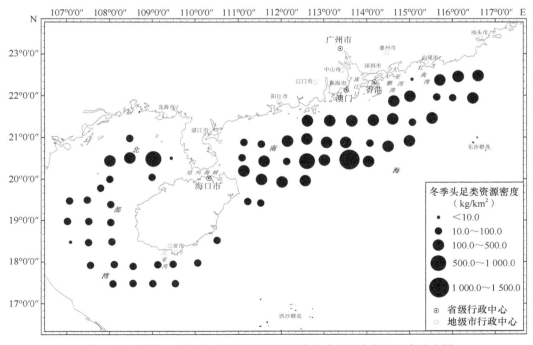

图 1-176 2000—2002 年南海北部部分区域冬季头足类资源密度分布图

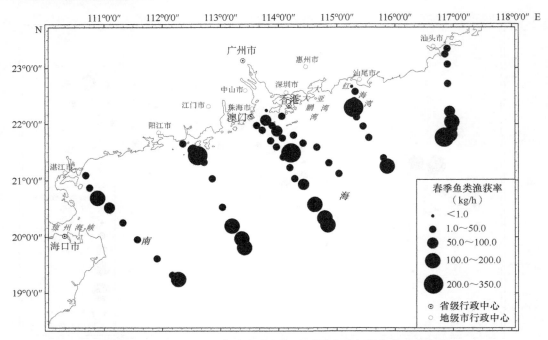

图 1-177　2006—2007 年南海北部部分区域春季鱼类渔获率分布图

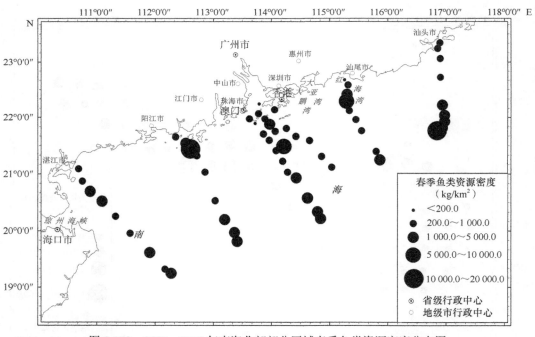

图 1-178　2006—2007 年南海北部部分区域春季鱼类资源密度分布图

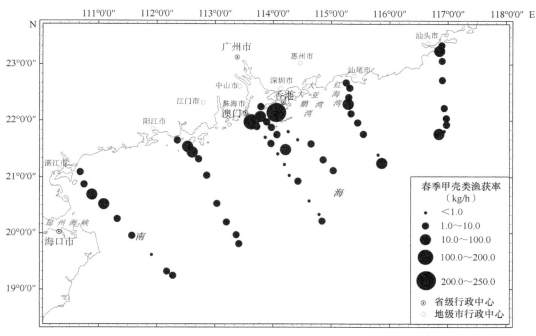

图 1-179　2006—2007 年南海北部部分区域春季甲壳类渔获率分布图

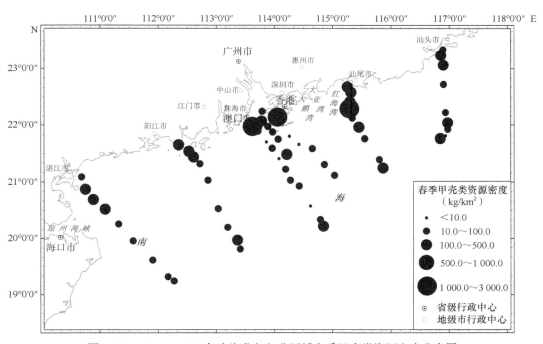

图 1-180　2006—2007 年南海北部部分区域春季甲壳类资源密度分布图

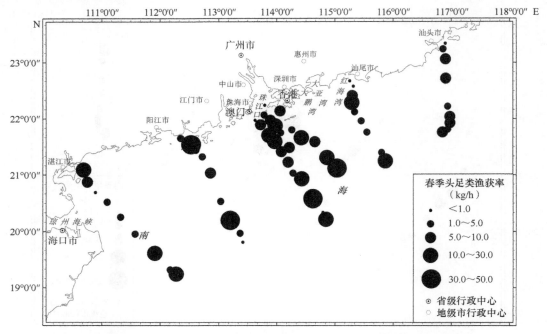

图 1-181　2006—2007 年南海北部部分区域春季头足类渔获率分布图

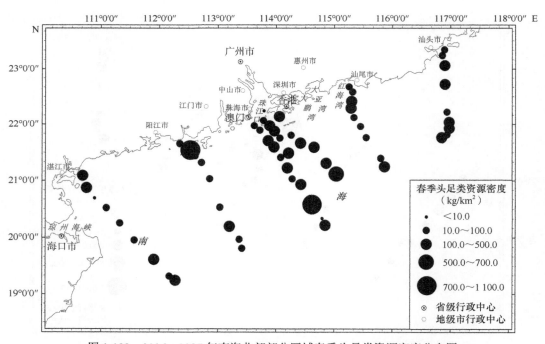

图 1-182　2006—2007 年南海北部部分区域春季头足类资源密度分布图

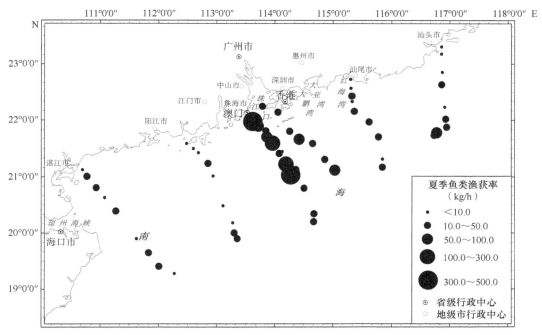

图 1-183 2006—2007 年南海北部部分区域夏季鱼类渔获率分布图

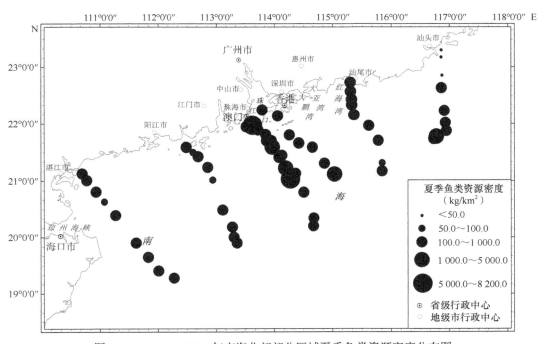

图 1-184 2006—2007 年南海北部部分区域夏季鱼类资源密度分布图

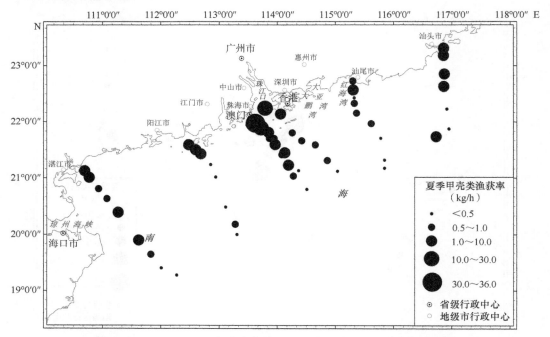

图 1-185　2006—2007 年南海北部部分区域夏季甲壳类渔获率分布图

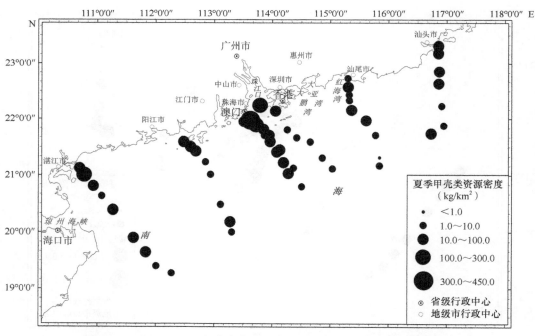

图 1-186　2006—2007 年南海北部部分区域夏季甲壳类资源密度分布图

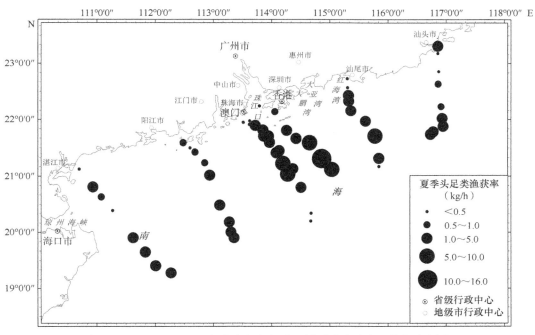

图 1-187 2006—2007 年南海北部部分区域夏季头足类渔获率分布图

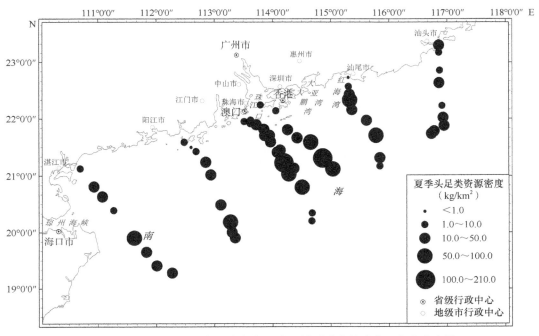

图 1-188 2006—2007 年南海北部部分区域夏季头足类资源密度分布图

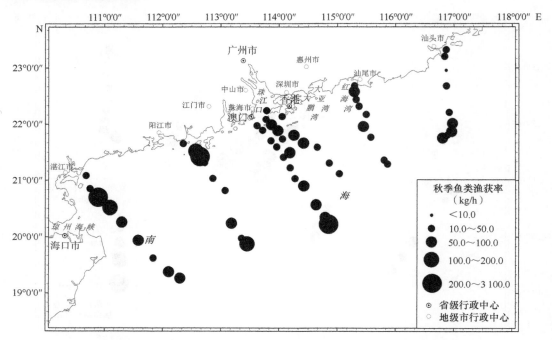

图 1-189　2006—2007 年南海北部部分区域秋季鱼类渔获率分布图

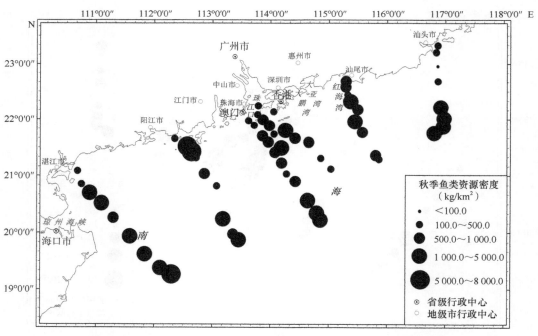

图 1-190　2006—2007 年南海北部部分区域秋季鱼类资源密度分布图

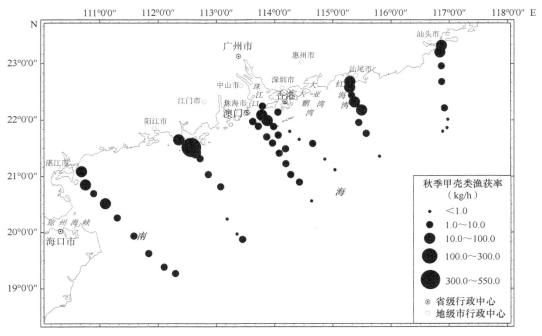

图 1-191　2006—2007 年南海北部部分区域秋季甲壳类渔获率分布图

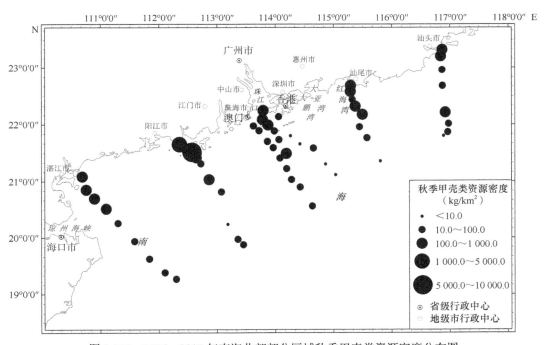

图 1-192　2006—2007 年南海北部部分区域秋季甲壳类资源密度分布图

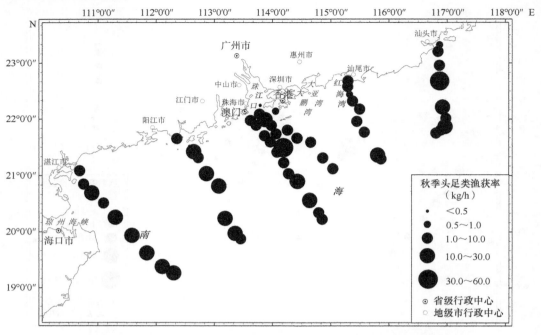

图 1-193 2006—2007 年南海北部部分区域秋季头足类渔获率分布图

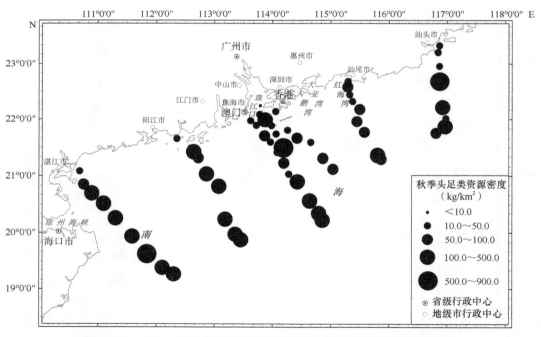

图 1-194 2006—2007 年南海北部部分区域秋季头足类资源密度分布图

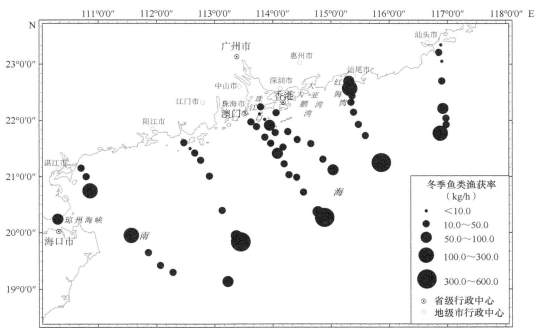

图 1-195　2006—2007 年南海北部部分区域冬季鱼类渔获率分布图

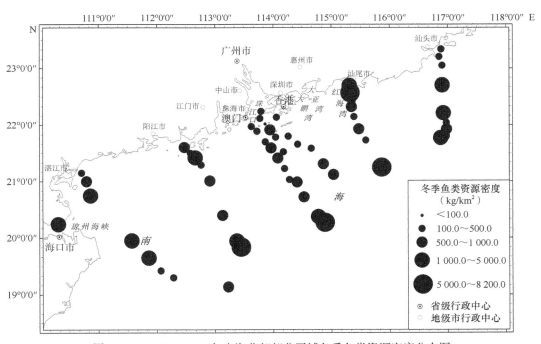

图 1-196　2006—2007 年南海北部部分区域冬季鱼类资源密度分布图

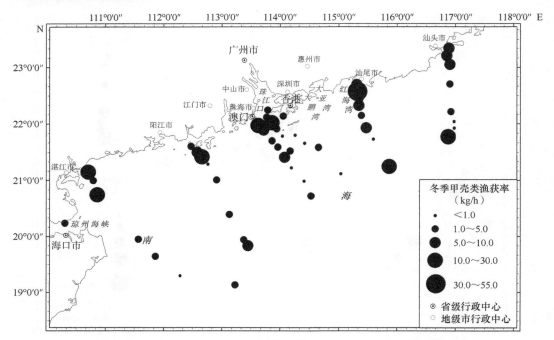

图 1-197　2006—2007 年南海北部部分区域冬季甲壳类渔获率分布图

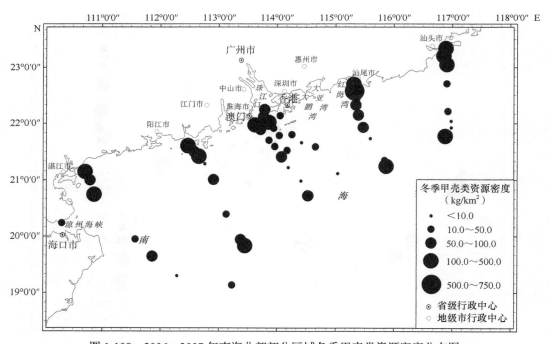

图 1-198　2006—2007 年南海北部部分区域冬季甲壳类资源密度分布图

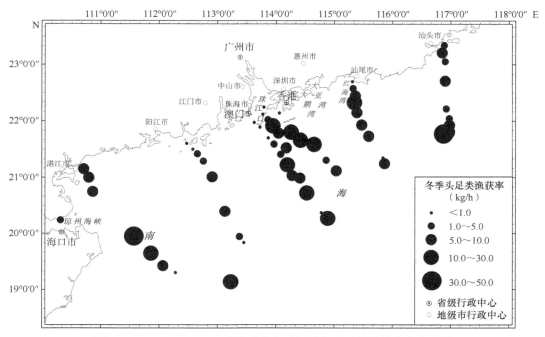

图 1-199　2006—2007 年南海北部部分区域冬季头足类渔获率分布图

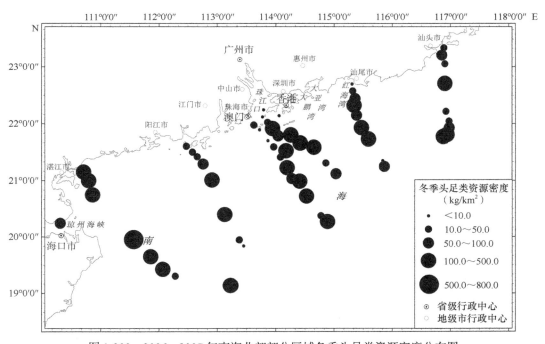

图 1-200　2006—2007 年南海北部部分区域冬季头足类资源密度分布图

第二章 北部湾渔业资源分布图集
（1962—2018）

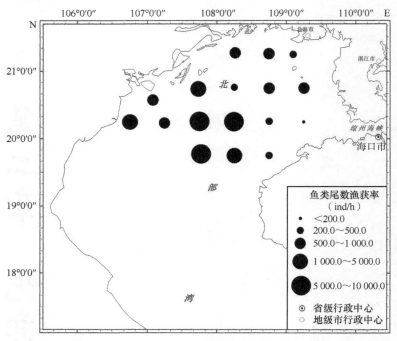

图 2-1　1962 年 1 月北部湾鱼类尾数渔获率分布图

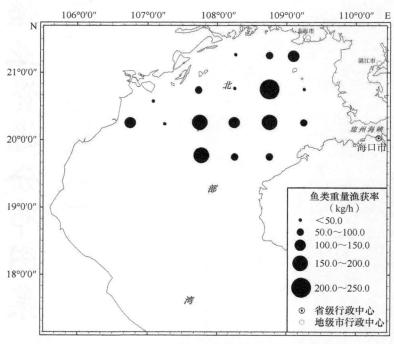

图 2-2　1962 年 1 月北部湾鱼类重量渔获率分布图

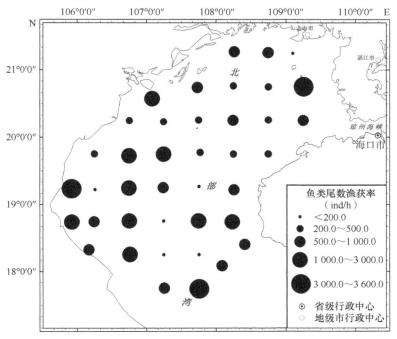

图 2-3　1962 年 4 月北部湾鱼类尾数渔获率分布图

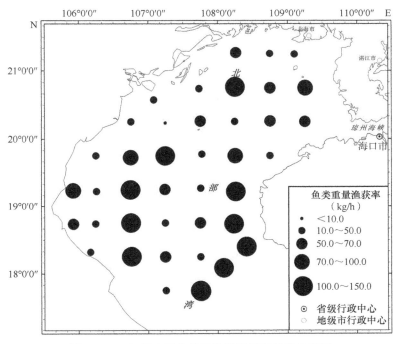

图 2-4　1962 年 4 月北部湾鱼类重量渔获率分布图

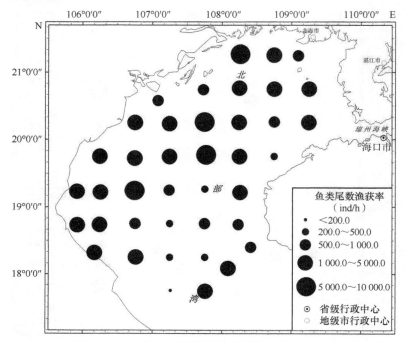

图 2-5　1962 年 7 月北部湾鱼类尾数渔获率分布图

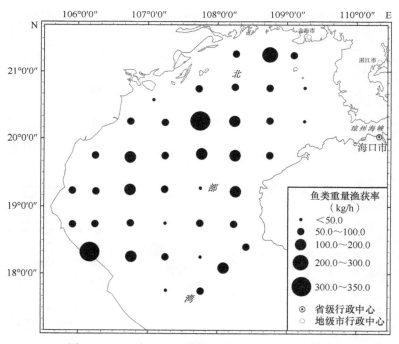

图 2-6　1962 年 7 月北部湾鱼类重量渔获率分布图

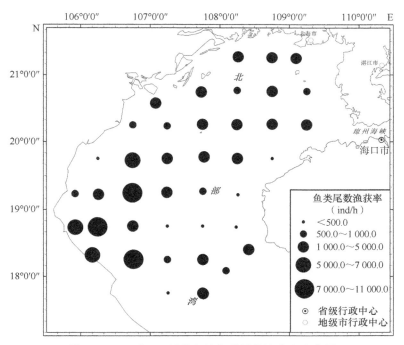

图 2-7 1962 年 10 月北部湾鱼类尾数渔获率分布图

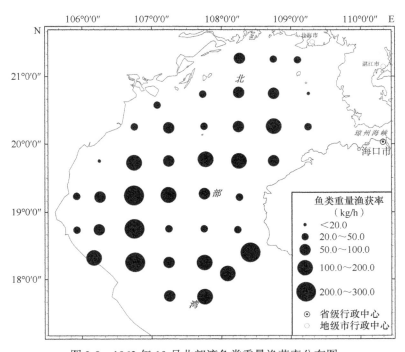

图 2-8 1962 年 10 月北部湾鱼类重量渔获率分布图

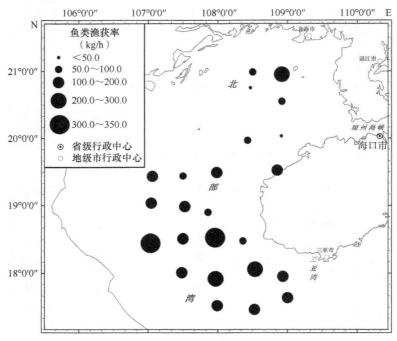

图 2-9　1992 年 9 月北部湾鱼类渔获率分布图

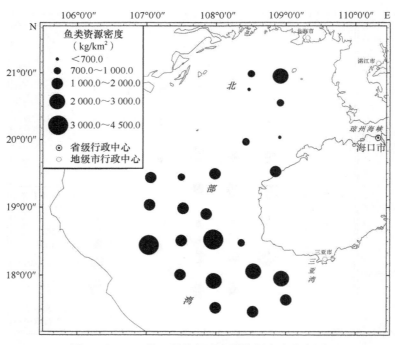

图 2-10　1992 年 9 月北部湾鱼类资源密度分布图

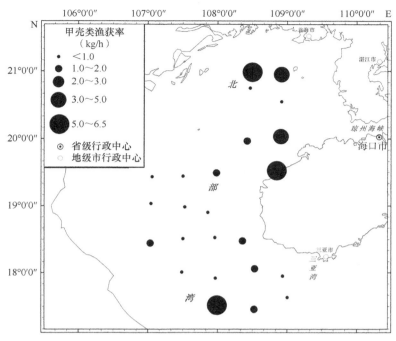

图 2-11　1992 年 9 月北部湾甲壳类渔获率分布图

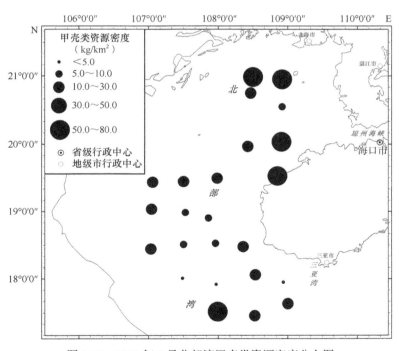

图 2-12　1992 年 9 月北部湾甲壳类资源密度分布图

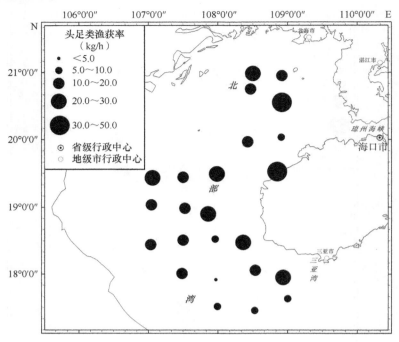

图 2-13 1992 年 9 月北部湾头足类渔获率分布图

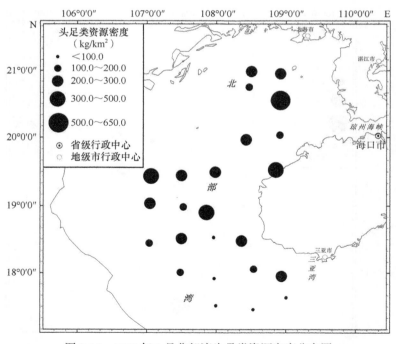

图 2-14 1992 年 9 月北部湾头足类资源密度分布图

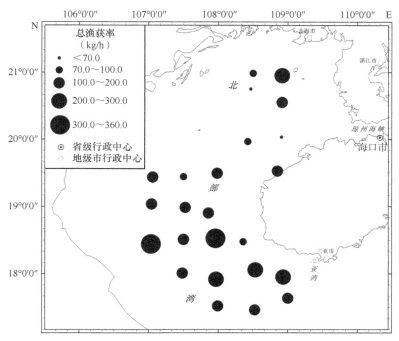

图 2-15　1992 年 9 月北部湾渔业资源总渔获率分布图

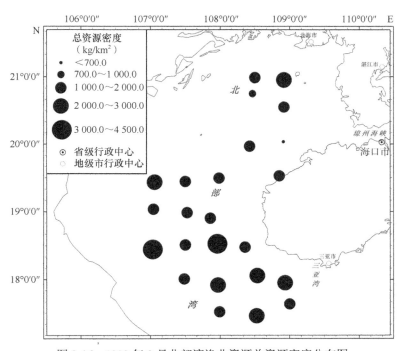

图 2-16　1992 年 9 月北部湾渔业资源总资源密度分布图

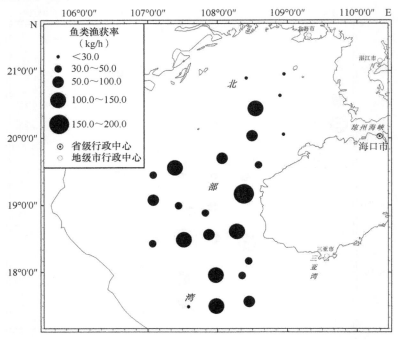

图 2-17　1993 年 5 月北部湾鱼类渔获率分布图

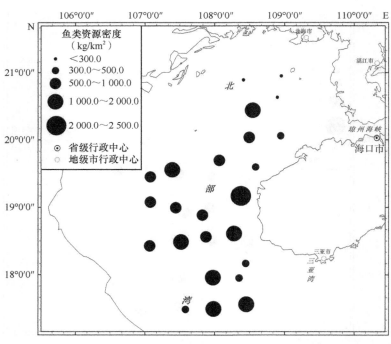

图 2-18　1993 年 5 月北部湾鱼类资源密度分布图

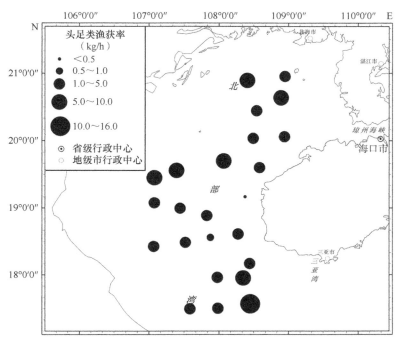

图 2-19 1993 年 5 月北部湾头足类渔获率分布图

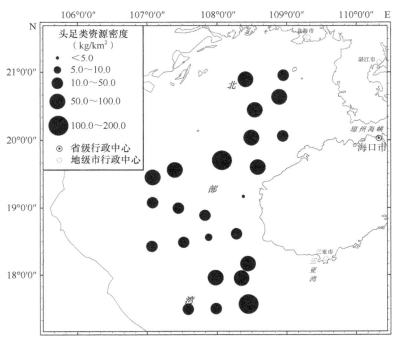

图 2-20 1993 年 5 月北部湾头足类资源密度分布图

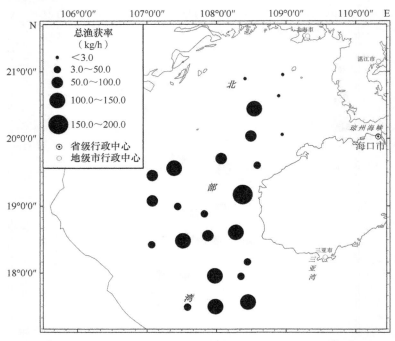

图 2-21　1993 年 5 月北部湾渔业资源总渔获率分布图

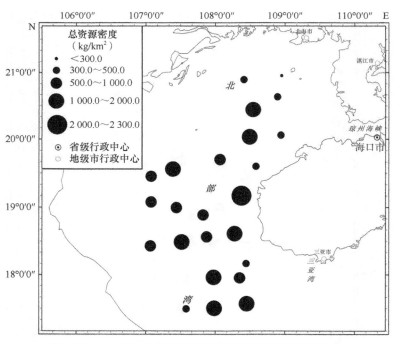

图 2-22　1993 年 5 月北部湾渔业资源总资源密度分布图

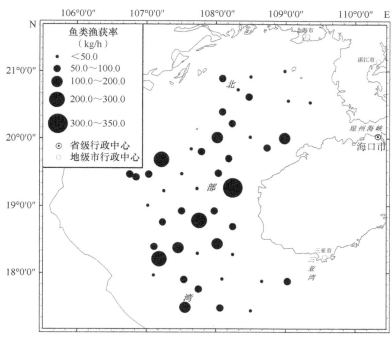

图 2-23　2001 年 11 月北部湾鱼类渔获率分布图

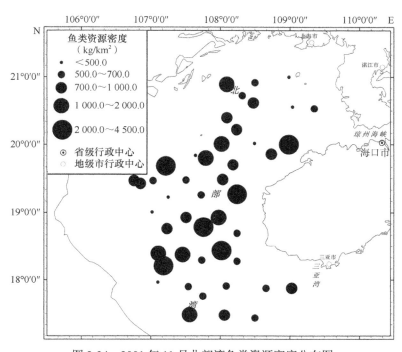

图 2-24　2001 年 11 月北部湾鱼类资源密度分布图

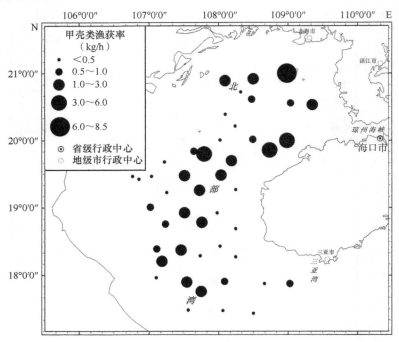

图 2-25 2001 年 11 月北部湾甲壳类渔获率分布图

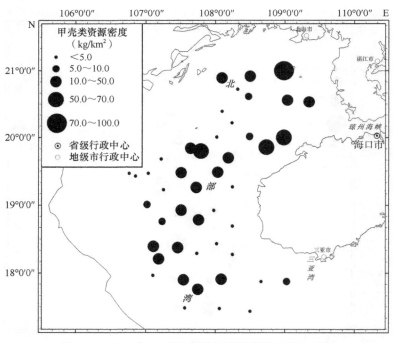

图 2-26 2001 年 11 月北部湾甲壳类资源密度分布图

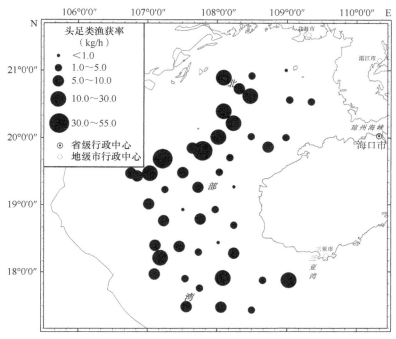

图 2-27　2001 年 11 月北部湾头足类渔获率分布图

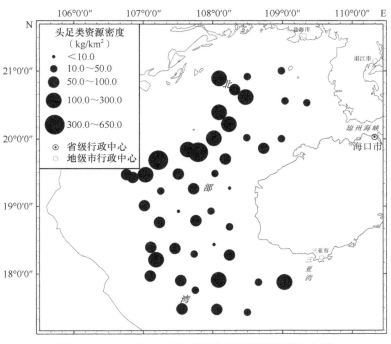

图 2-28　2001 年 11 月北部湾头足类资源密度分布图

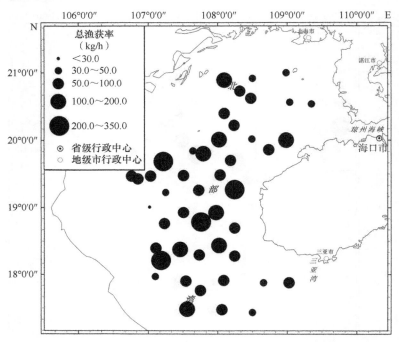

图 2-29　2001 年 11 月北部湾渔业资源总渔获率分布图

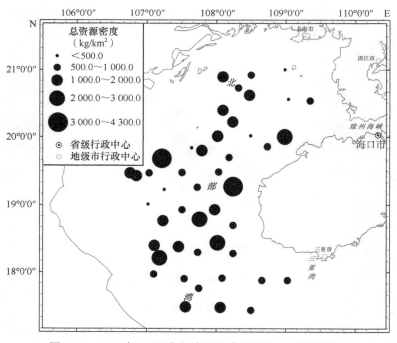

图 2-30　2001 年 11 月北部湾渔业资源总资源密度分布图

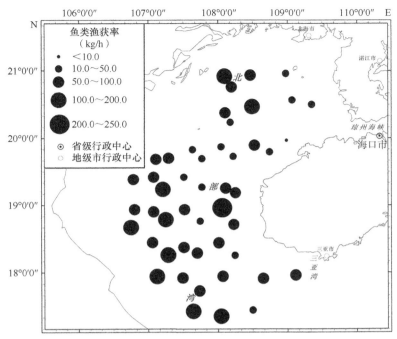

图 2-31　2002 年 1 月北部湾鱼类渔获率分布图

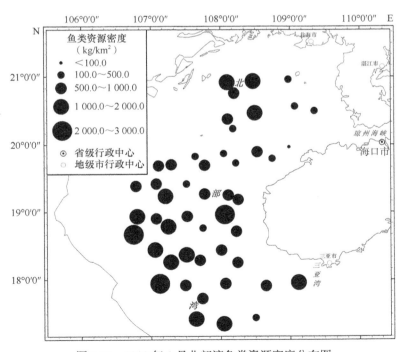

图 2-32　2002 年 1 月北部湾鱼类资源密度分布图

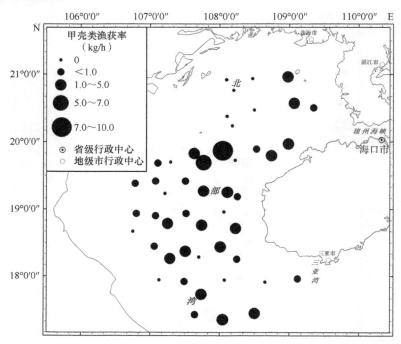

图 2-33　2002 年 1 月北部湾甲壳类渔获率分布图

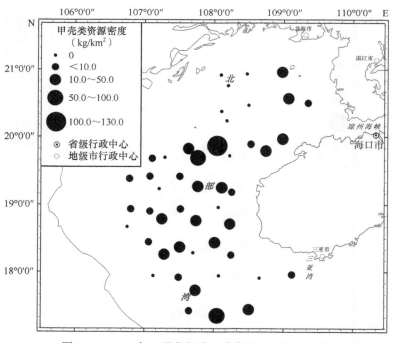

图 2-34　2002 年 1 月北部湾甲壳类资源密度分布图

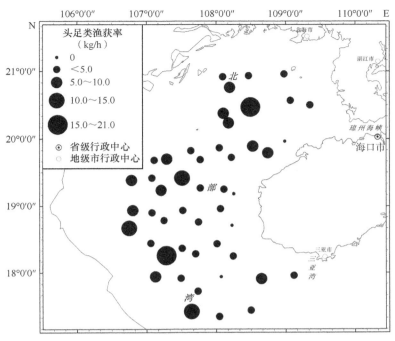

图 2-35 2002 年 1 月北部湾头足类渔获率分布图

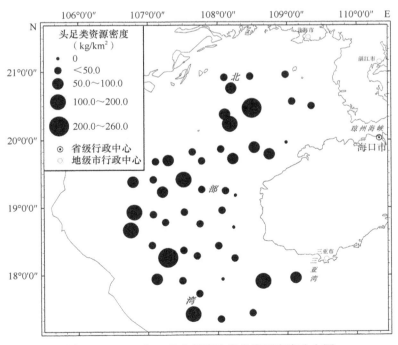

图 2-36 2002 年 1 月北部湾头足类资源密度分布图

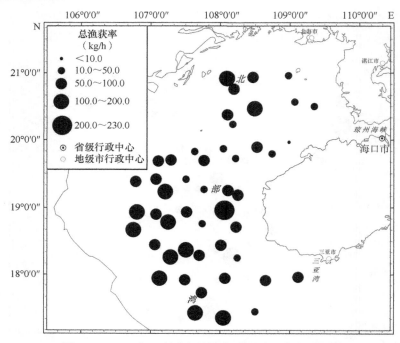

图 2-37 2002 年 1 月北部湾渔业资源总渔获率分布图

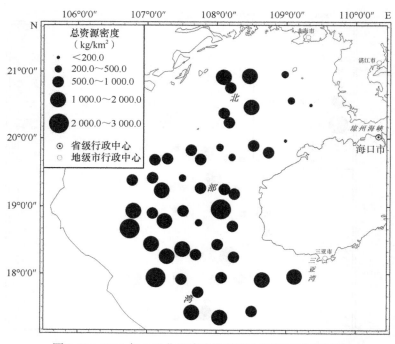

图 2-38 2002 年 1 月北部湾渔业资源总资源密度分布图

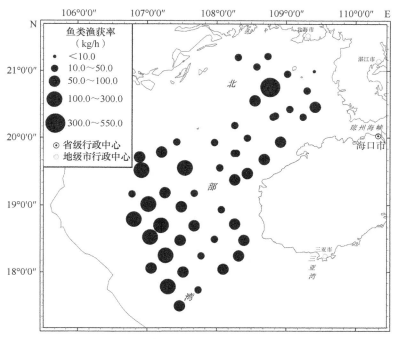

图 2-39 2006 年 1 月北部湾鱼类渔获率分布图

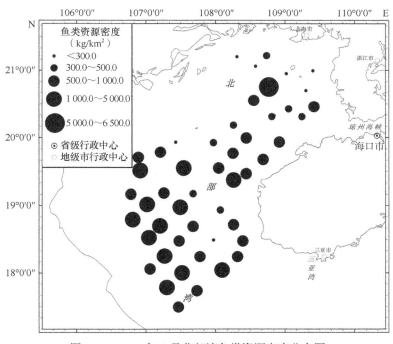

图 2-40 2006 年 1 月北部湾鱼类资源密度分布图

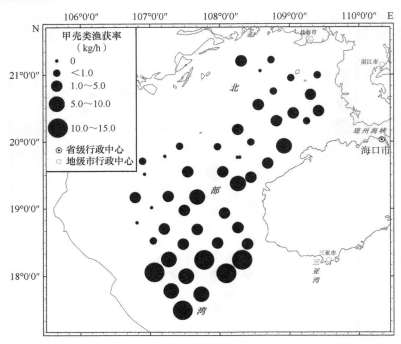

图 2-41　2006 年 1 月北部湾甲壳类渔获率分布图

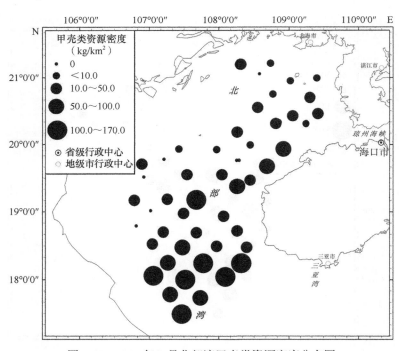

图 2-42　2006 年 1 月北部湾甲壳类资源密度分布图

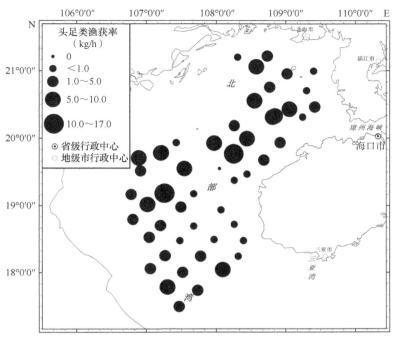

图 2-43　2006 年 1 月北部湾头足类渔获率分布图

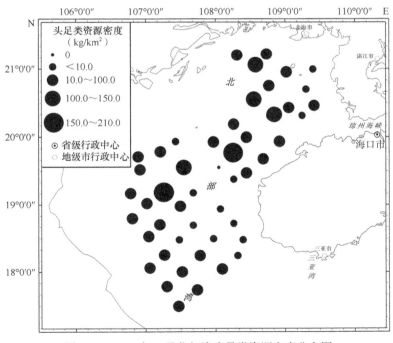

图 2-44　2006 年 1 月北部湾头足类资源密度分布图

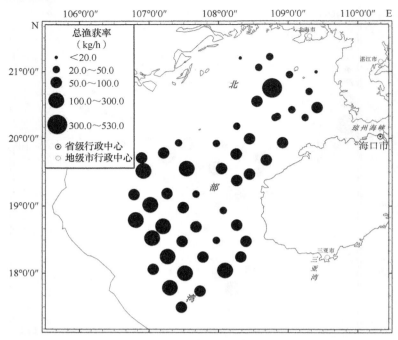

图 2-45　2006 年 1 月北部湾渔业资源总渔获率分布图

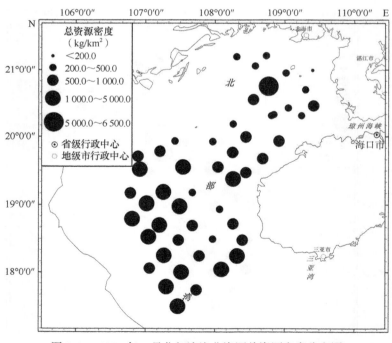

图 2-46　2006 年 1 月北部湾渔业资源总资源密度分布图

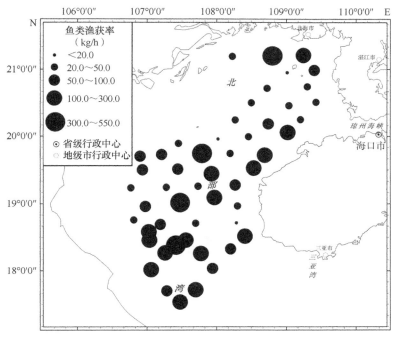

图 2-47　2006 年 4 月北部湾鱼类渔获率分布图

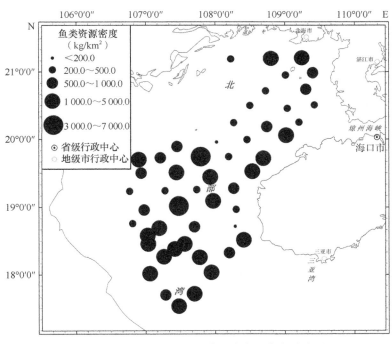

图 2-48　2006 年 4 月北部湾鱼类资源密度分布图

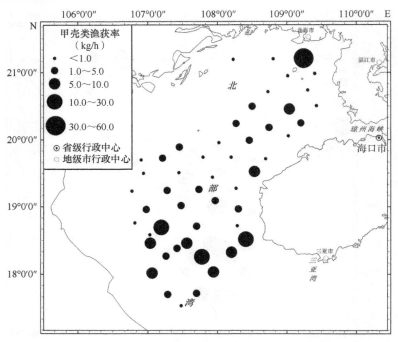

图 2-49　2006 年 4 月北部湾甲壳类渔获率分布图

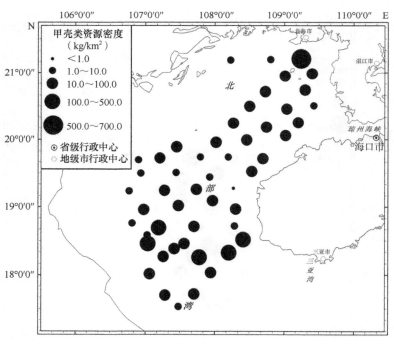

图 2-50　2006 年 4 月北部湾甲壳类资源密度分布图

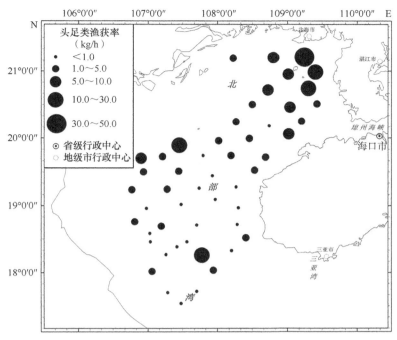

图 2-51　2006 年 4 月北部湾头足类渔获率分布图

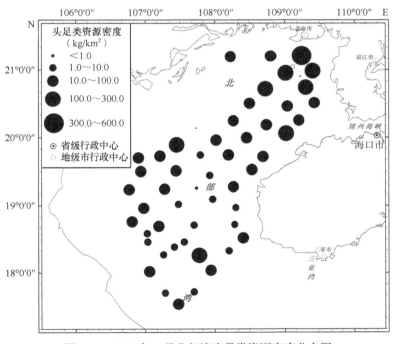

图 2-52　2006 年 4 月北部湾头足类资源密度分布图

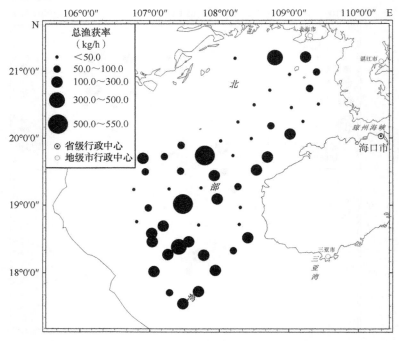

图 2-53 2006 年 4 月北部湾渔业资源总渔获率分布图

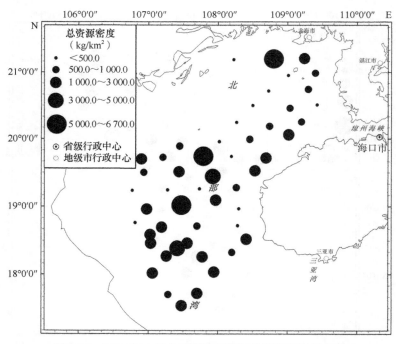

图 2-54 2006 年 4 月北部湾渔业资源总资源密度分布图

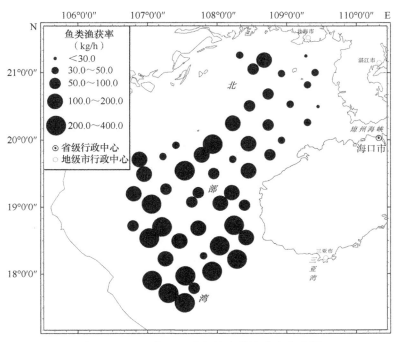

图 2-55　2006 年 7 月北部湾鱼类渔获率分布图

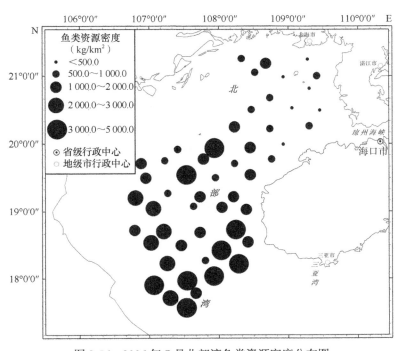

图 2-56　2006 年 7 月北部湾鱼类资源密度分布图

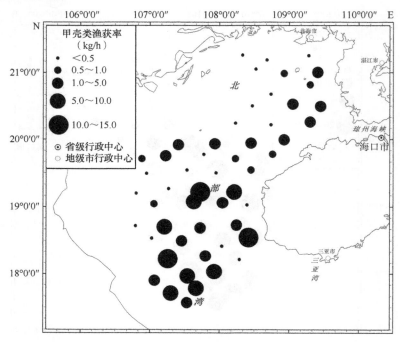

图 2-57　2006 年 7 月北部湾甲壳类渔获率分布图

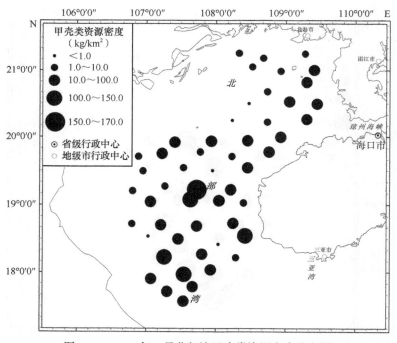

图 2-58　2006 年 7 月北部湾甲壳类资源密度分布图

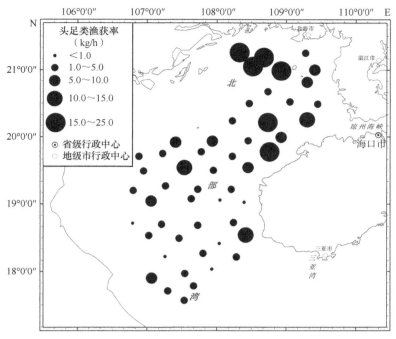

图 2-59 2006 年 7 月北部湾头足类渔获率分布图

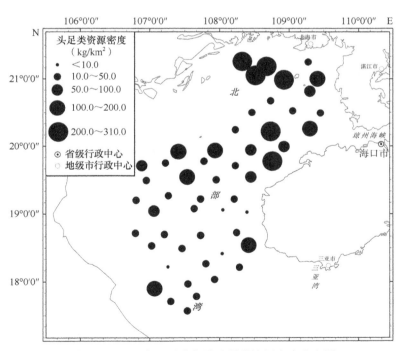

图 2-60 2006 年 7 月北部湾头足类资源密度分布图

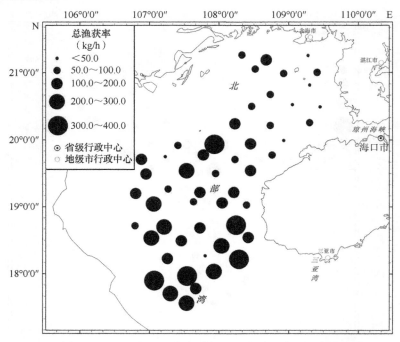

图 2-61　2006 年 7 月北部湾渔业资源总渔获率分布图

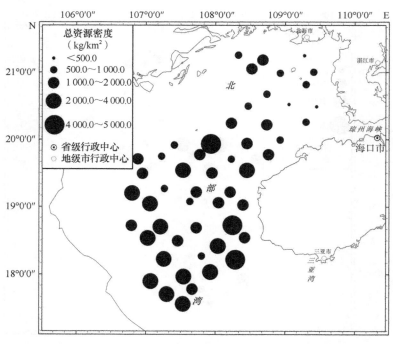

图 2-62　2006 年 7 月北部湾渔业资源总资源密度分布图

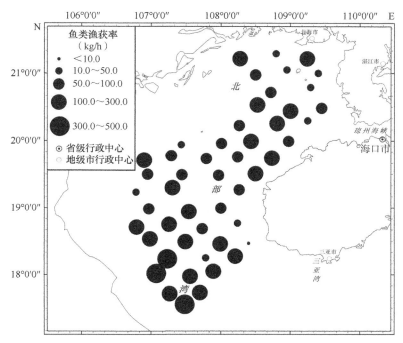

图 2-63　2006 年 10 月北部湾鱼类渔获率分布图

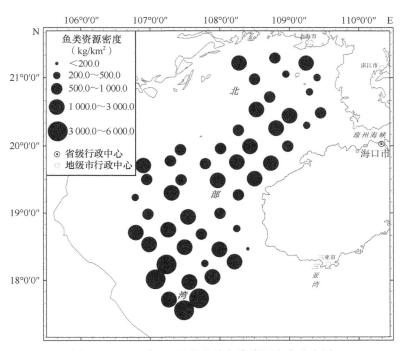

图 2-64　2006 年 10 月北部湾鱼类资源密度分布图

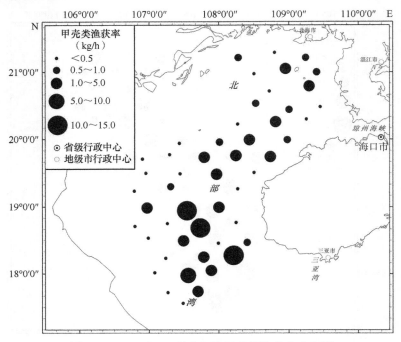

图 2-65　2006 年 10 月北部湾甲壳类渔获率分布图

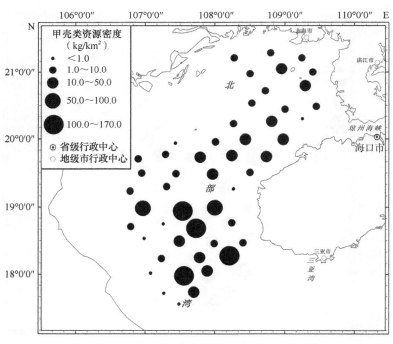

图 2-66　2006 年 10 月北部湾甲壳类资源密度分布图

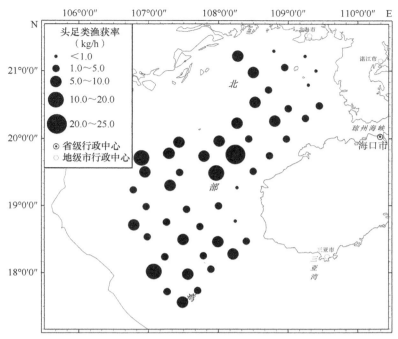

图 2-67　2006 年 10 月北部湾头足类渔获率分布图

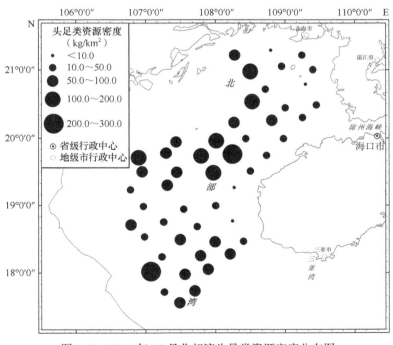

图 2-68　2006 年 10 月北部湾头足类资源密度分布图

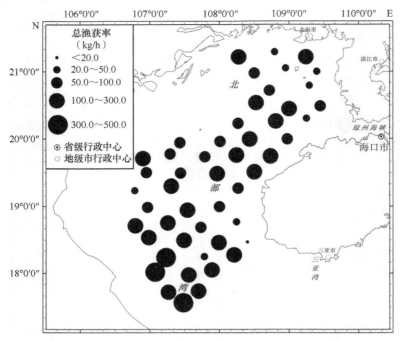

图 2-69　2006 年 10 月北部湾渔业资源总渔获率分布图

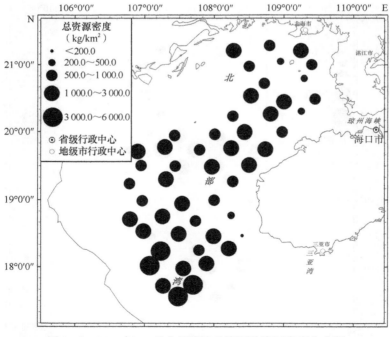

图 2-70　2006 年 10 月北部湾渔业资源总资源密度分布图

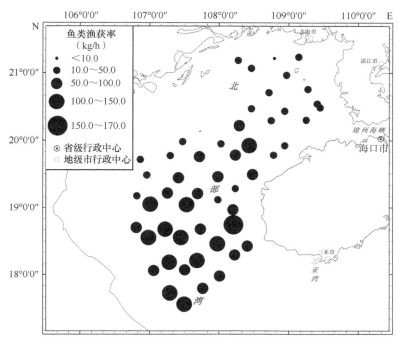

图 2-71　2007 年 1 月北部湾鱼类渔获率分布图

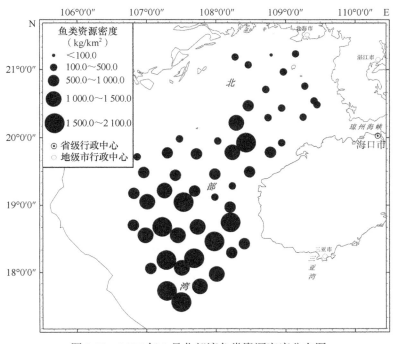

图 2-72　2007 年 1 月北部湾鱼类资源密度分布图

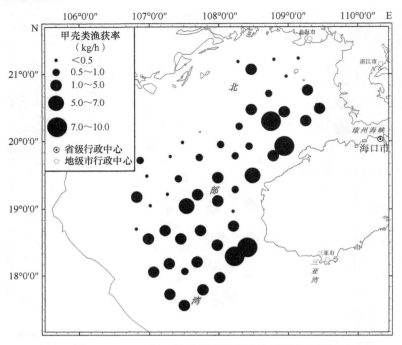

图 2-73　2007 年 1 月北部湾甲壳类渔获率分布图

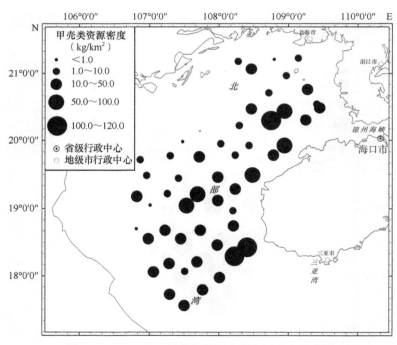

图 2-74　2007 年 1 月北部湾甲壳类资源密度分布图

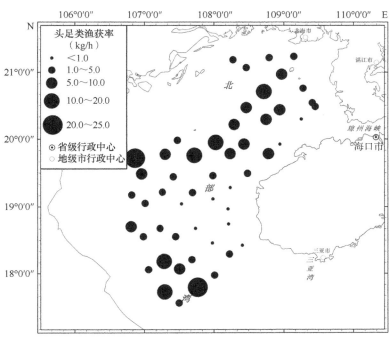

图 2-75　2007 年 1 月北部湾头足类渔获率分布图

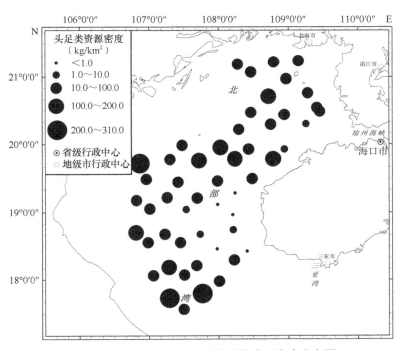

图 2-76　2007 年 1 月北部湾头足类资源密度分布图

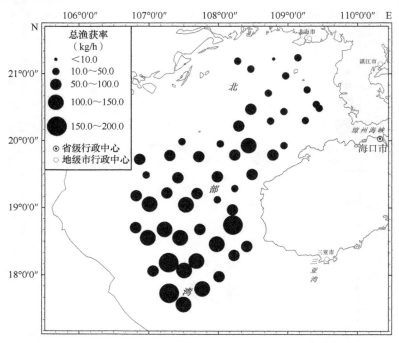

图 2-77　2007 年 1 月北部湾渔业资源总渔获率分布图

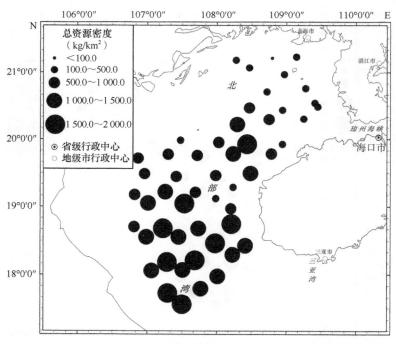

图 2-78　2007 年 1 月北部湾渔业资源总资源密度分布图

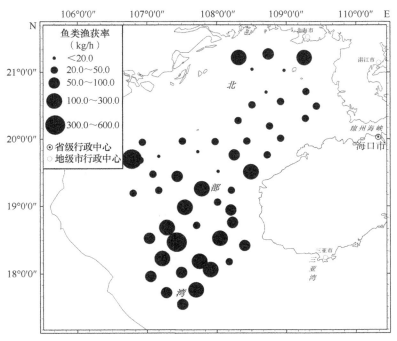

图 2-79 2007 年 4 月北部湾鱼类渔获率分布图

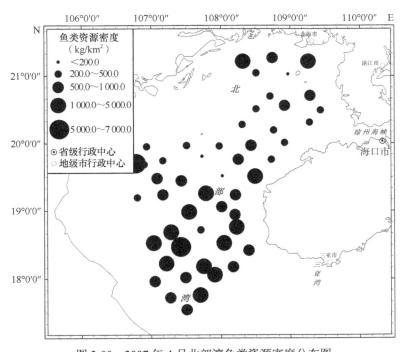

图 2-80 2007 年 4 月北部湾鱼类资源密度分布图

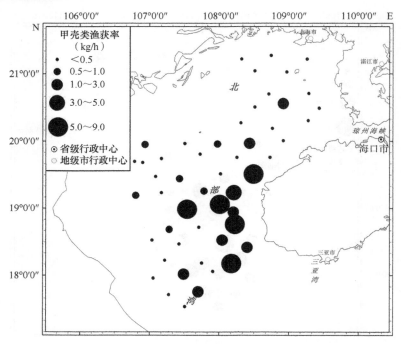

图 2-81 2007 年 4 月北部湾甲壳类渔获率分布图

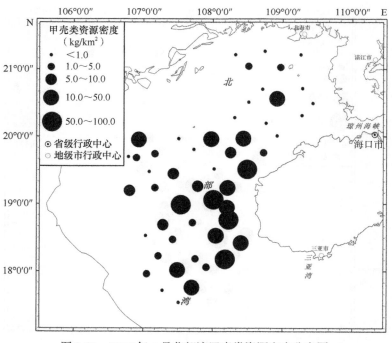

图 2-82 2007 年 4 月北部湾甲壳类资源密度分布图

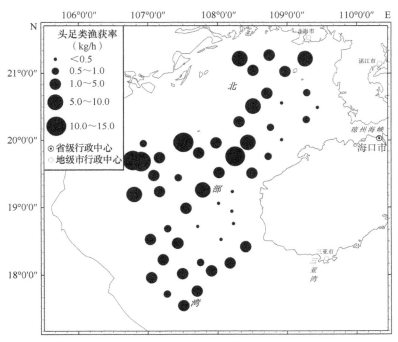

图 2-83 2007 年 4 月北部湾头足类渔获率分布图

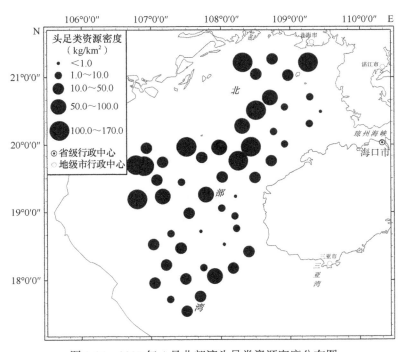

图 2-84 2007 年 4 月北部湾头足类资源密度分布图

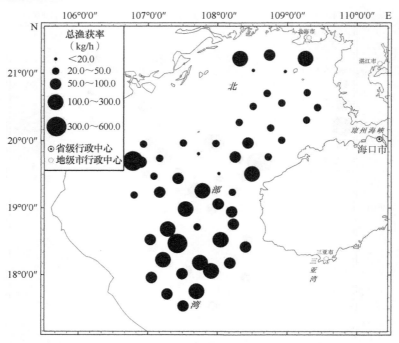

图 2-85　2007 年 4 月北部湾渔业资源总渔获率分布图

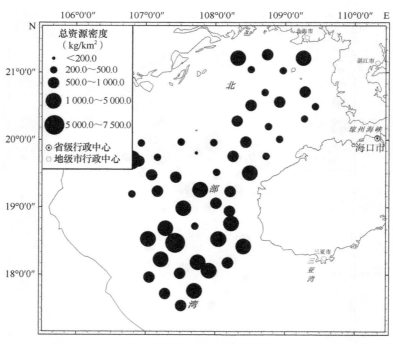

图 2-86　2007 年 4 月北部湾渔业资源总资源密度分布图

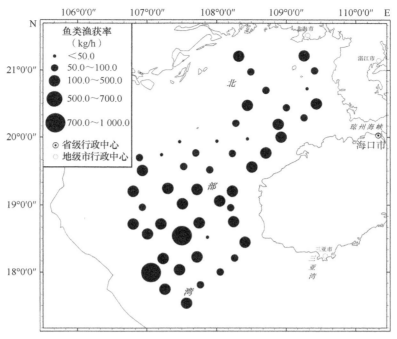

图 2-87 2007 年 7 月北部湾鱼类渔获率分布图

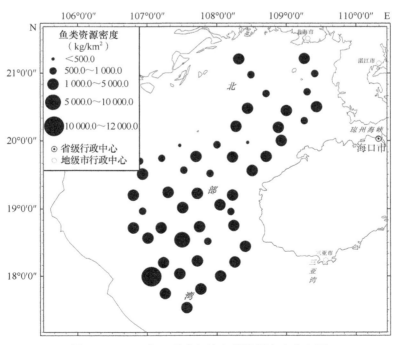

图 2-88 2007 年 7 月北部湾鱼类资源密度分布图

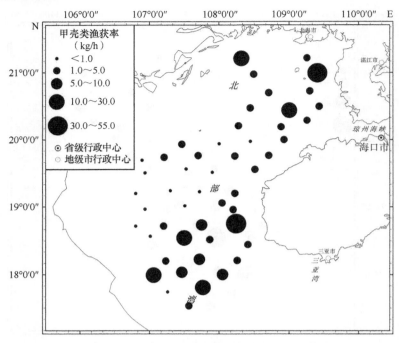

图 2-89　2007 年 7 月北部湾甲壳类渔获率分布图

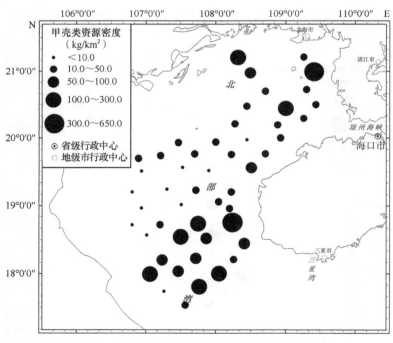

图 2-90　2007 年 7 月北部湾甲壳类资源密度分布图

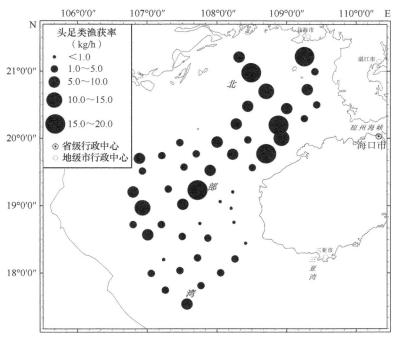

图 2-91　2007 年 7 月北部湾头足类渔获率分布图

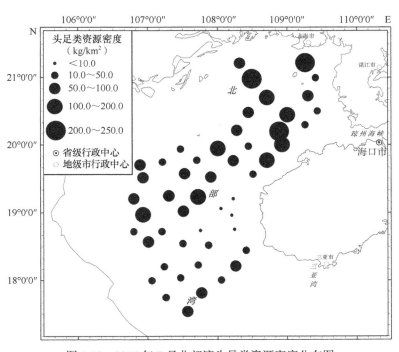

图 2-92　2007 年 7 月北部湾头足类资源密度分布图

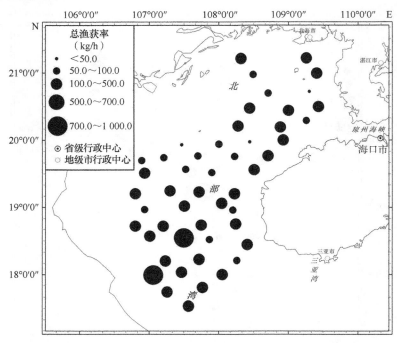

图 2-93　2007 年 7 月北部湾渔业资源总渔获率分布图

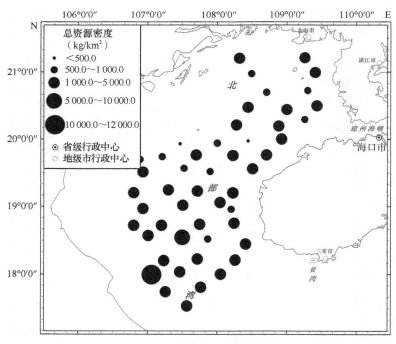

图 2-94　2007 年 7 月北部湾渔业资源总资源密度分布图

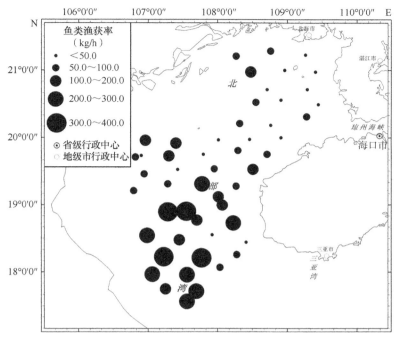

图 2-95　2007 年 10 月北部湾鱼类渔获率分布图

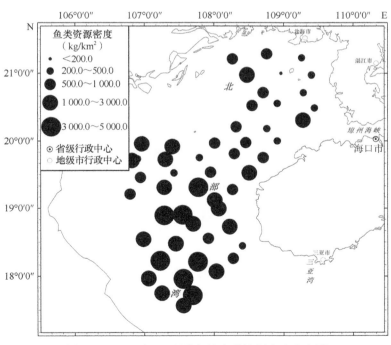

图 2-96　2007 年 10 月北部湾鱼类资源密度分布图

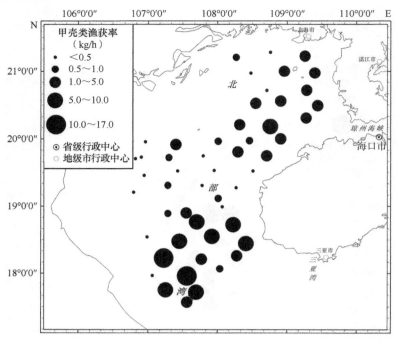

图 2-97　2007 年 10 月北部湾甲壳类渔获率分布图

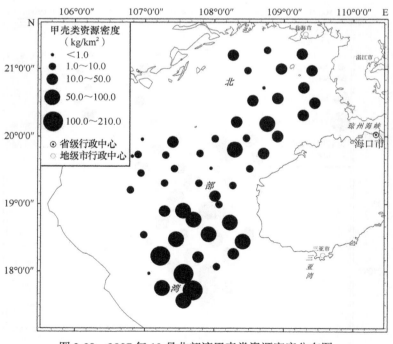

图 2-98　2007 年 10 月北部湾甲壳类资源密度分布图

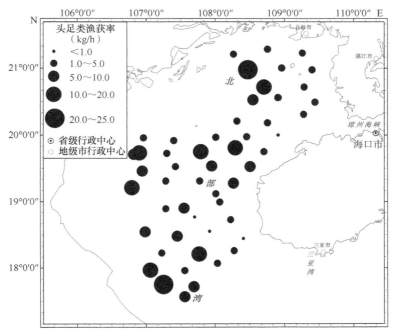

图 2-99 2007 年 10 月北部湾头足类渔获率分布图

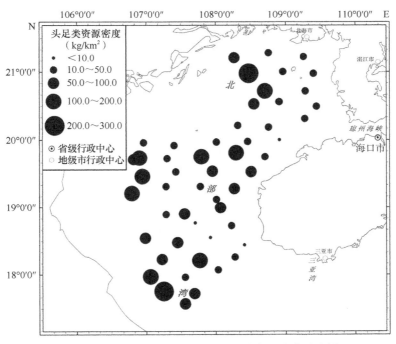

图 2-100 2007 年 10 月北部湾头足类资源密度分布图

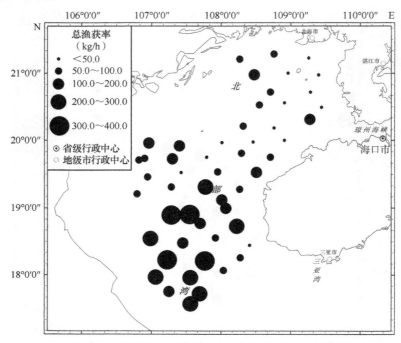

图 2-101　2007 年 10 月北部湾渔业资源总渔获率分布图

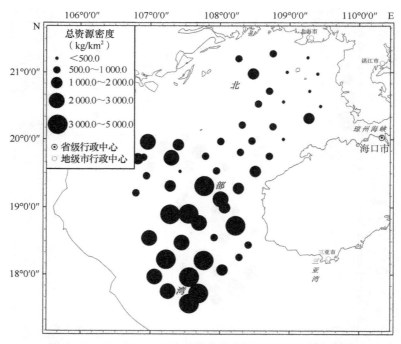

图 2-102　2007 年 10 月北部湾渔业资源总资源密度分布图

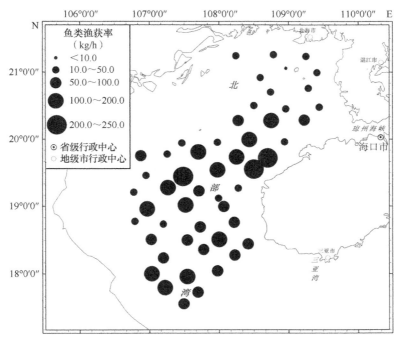

图 2-103　2008 年 1 月北部湾鱼类渔获率分布图

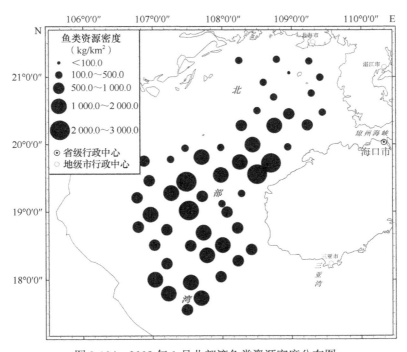

图 2-104　2008 年 1 月北部湾鱼类资源密度分布图

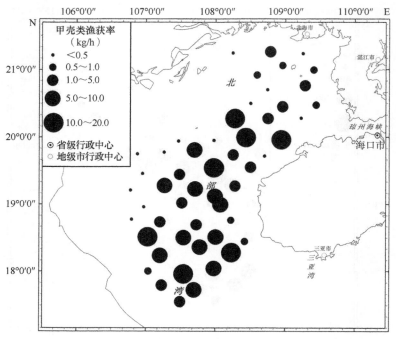

图 2-105　2008 年 1 月北部湾甲壳类渔获率分布图

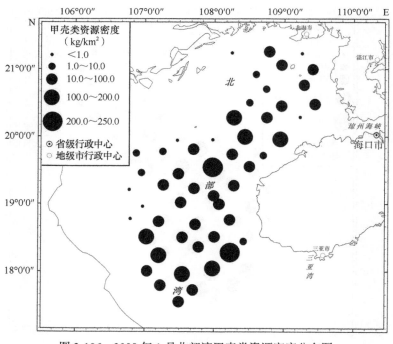

图 2-106　2008 年 1 月北部湾甲壳类资源密度分布图

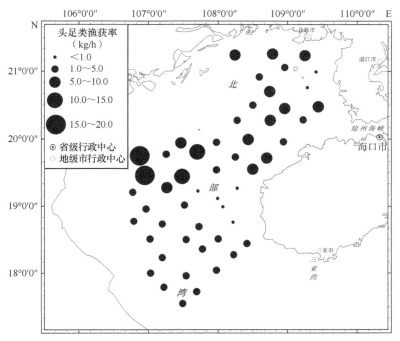

图 2-107 2008 年 1 月北部湾头足类渔获率分布图

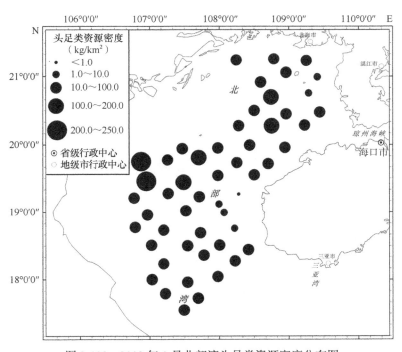

图 2-108 2008 年 1 月北部湾头足类资源密度分布图

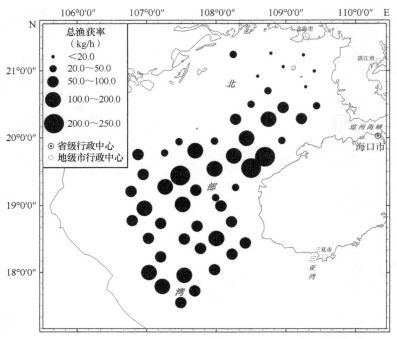

图 2-109　2008 年 1 月北部湾渔业资源总渔获率分布图

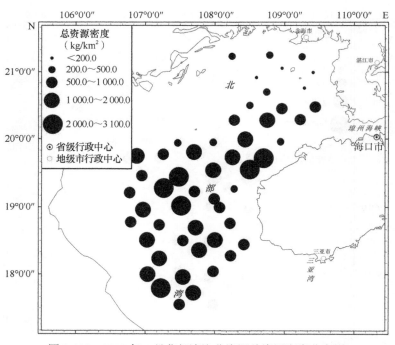

图 2-110　2008 年 1 月北部湾渔业资源总资源密度分布图

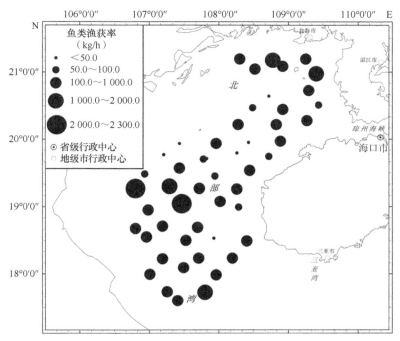

图 2-111　2008 年 7 月北部湾鱼类渔获率分布图

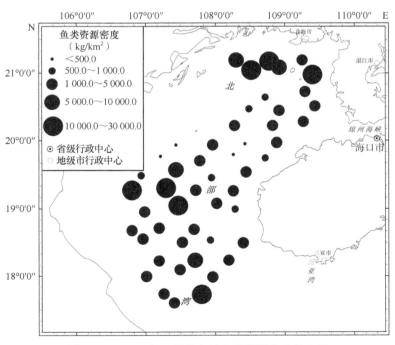

图 2-112　2008 年 7 月北部湾鱼类资源密度分布图

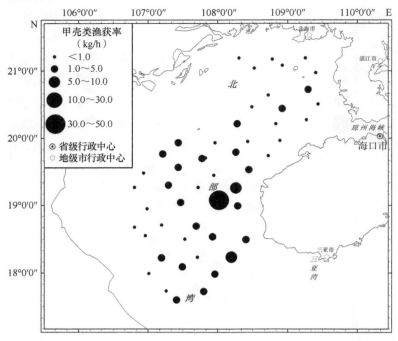

图 2-113　2008 年 7 月北部湾甲壳类渔获率分布图

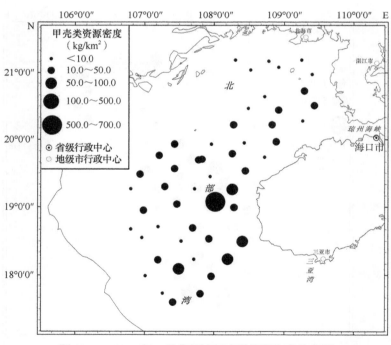

图 2-114　2008 年 7 月北部湾甲壳类资源密度分布图

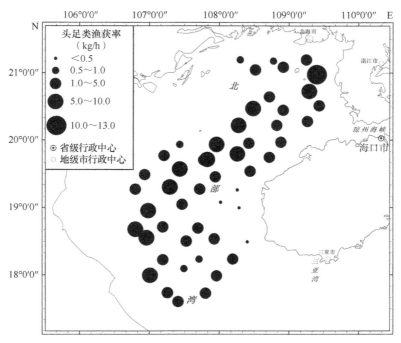

图 2-115　2008 年 7 月北部湾头足类渔获率分布图

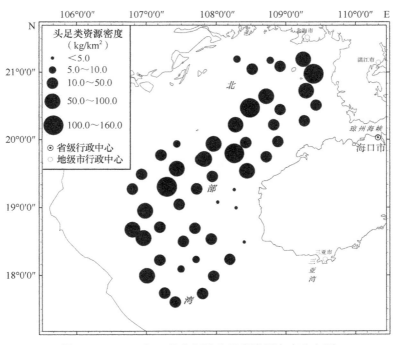

图 2-116　2008 年 7 月北部湾头足类资源密度分布图

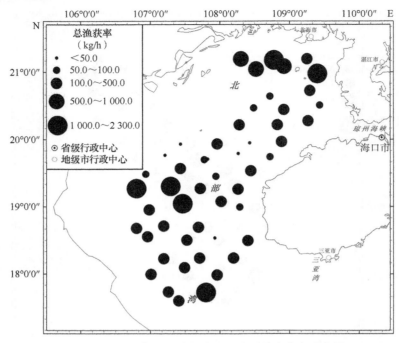

图 2-117　2008 年 7 月北部湾渔业资源总渔获率分布图

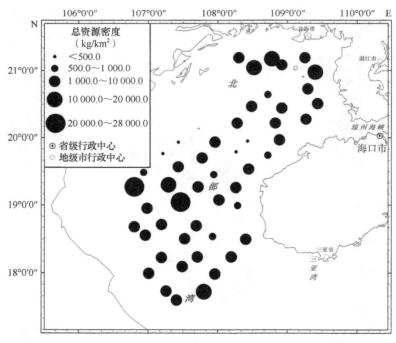

图 2-118　2008 年 7 月北部湾渔业资源总资源密度分布图

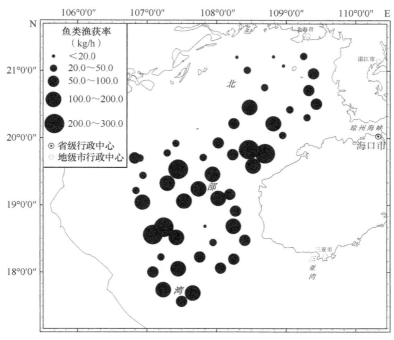

图 2-119　2009 年 1 月北部湾鱼类渔获率分布图

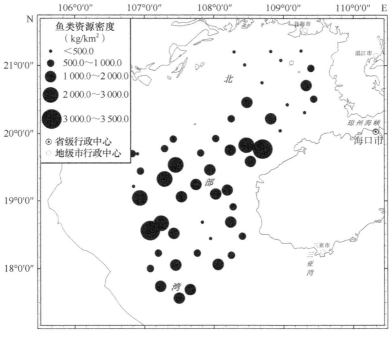

图 2-120　2009 年 1 月北部湾鱼类资源密度分布图

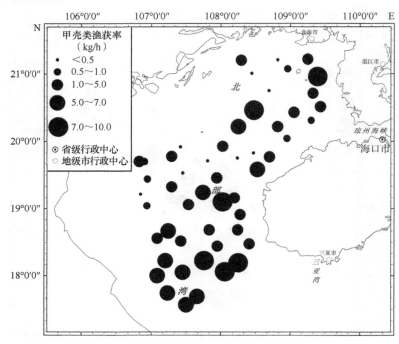

图 2-121　2009 年 1 月北部湾甲壳类渔获率分布图

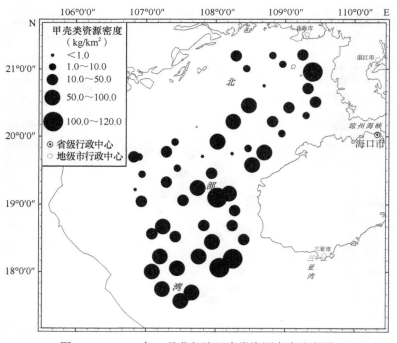

图 2-122　2009 年 1 月北部湾甲壳类资源密度分布图

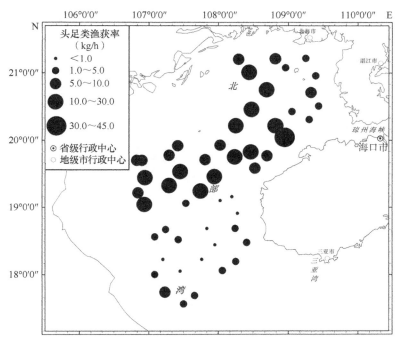

图 2-123　2009 年 1 月北部湾头足类渔获率分布图

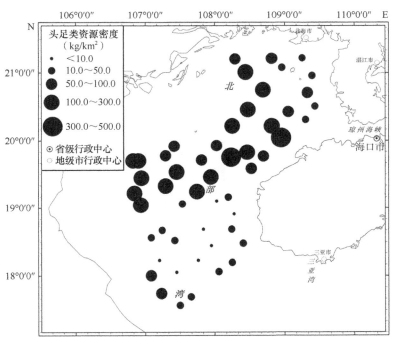

图 2-124　2009 年 1 月北部湾头足类资源密度分布图

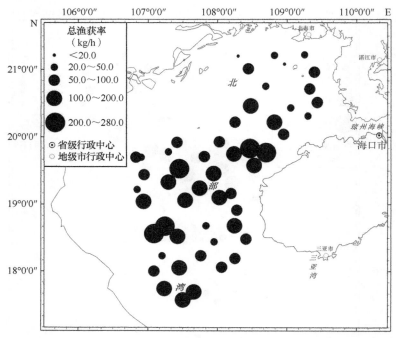

图 2-125　2009 年 1 月北部湾渔业资源总渔获率分布图

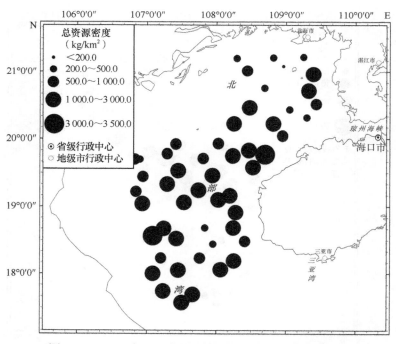

图 2-126　2009 年 1 月北部湾渔业资源总资源密度分布图

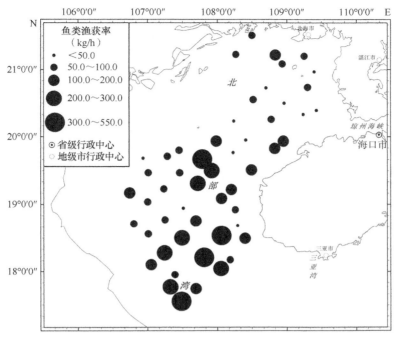

图 2-127　2009 年 7 月北部湾鱼类渔获率分布图

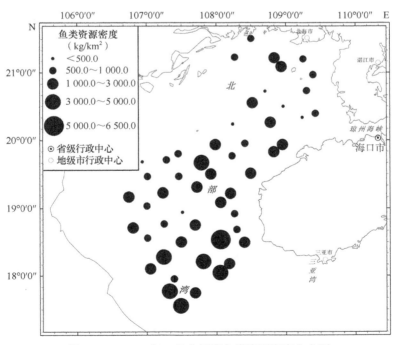

图 2-128　2009 年 7 月北部湾鱼类资源密度分布图

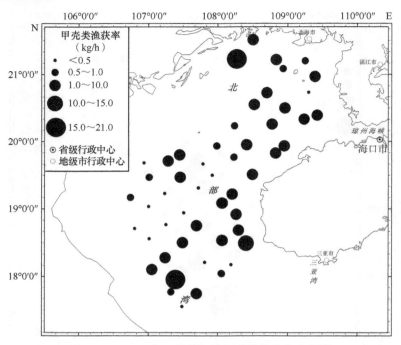

图 2-129　2009 年 7 月北部湾甲壳类渔获率分布图

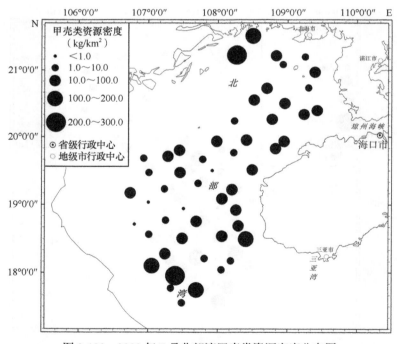

图 2-130　2009 年 7 月北部湾甲壳类资源密度分布图

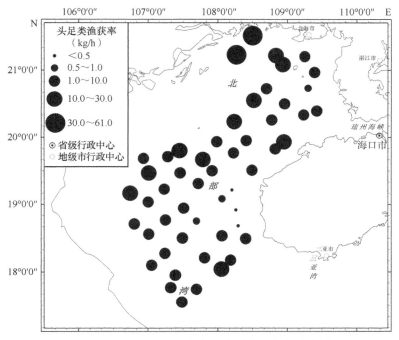

图 2-131　2009 年 7 月北部湾头足类渔获率分布图

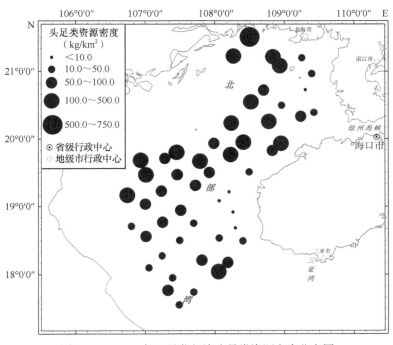

图 2-132　2009 年 7 月北部湾头足类资源密度分布图

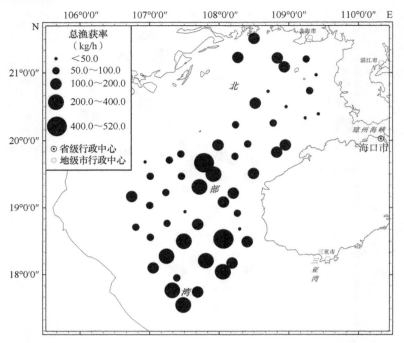

图 2-133　2009 年 7 月北部湾渔业资源总渔获率分布图

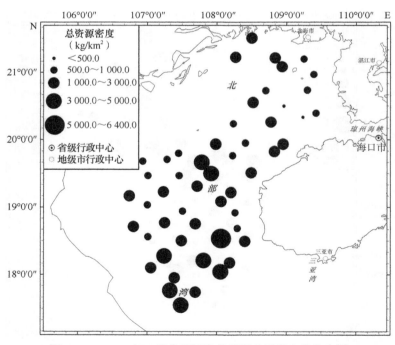

图 2-134　2009 年 7 月北部湾渔业资源总资源密度分布图

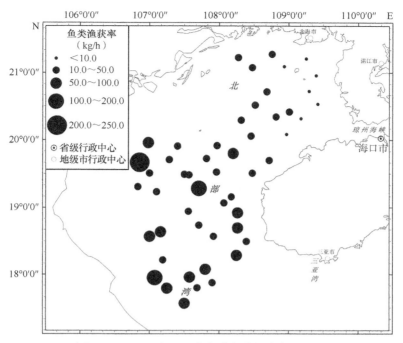

图 2-135　2010 年 1 月北部湾鱼类渔获率分布图

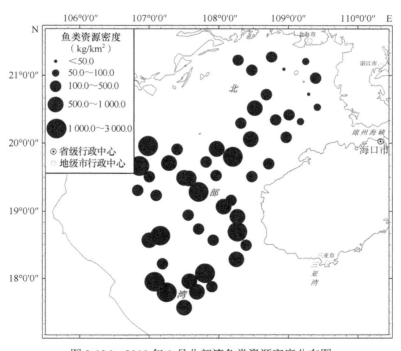

图 2-136　2010 年 1 月北部湾鱼类资源密度分布图

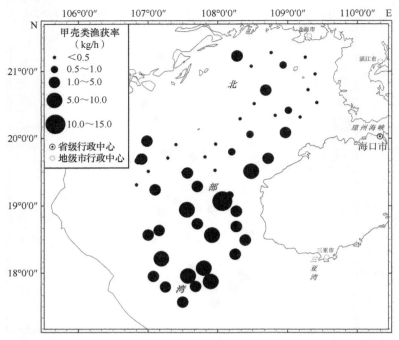

图 2-137　2010 年 1 月北部湾甲壳类渔获率分布图

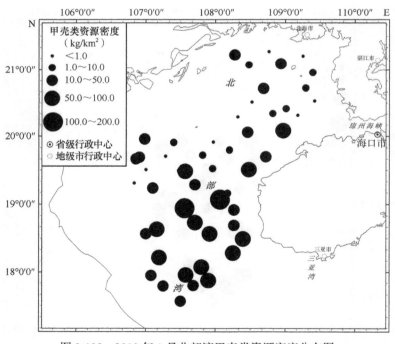

图 2-138　2010 年 1 月北部湾甲壳类资源密度分布图

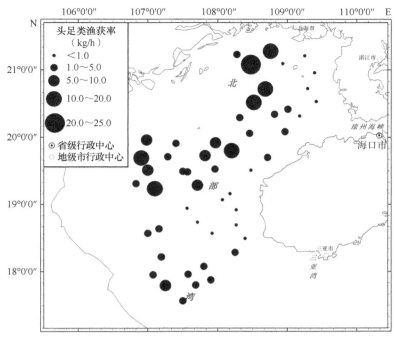

图 2-139　2010 年 1 月北部湾头足类渔获率分布图

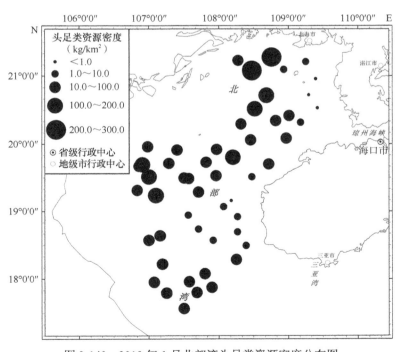

图 2-140　2010 年 1 月北部湾头足类资源密度分布图

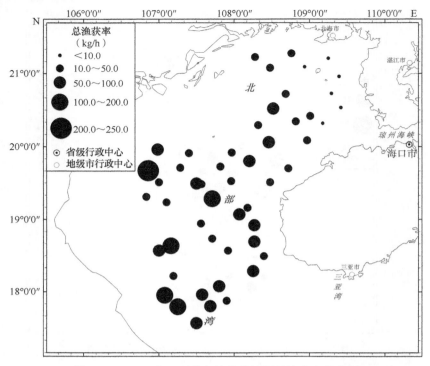

图 2-141　2010 年 1 月北部湾渔业资源总渔获率分布图

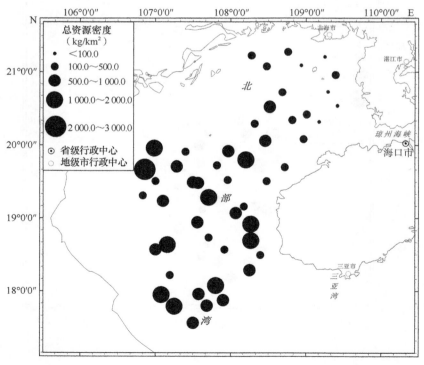

图 2-142　2010 年 1 月北部湾渔业资源总资源密度分布图

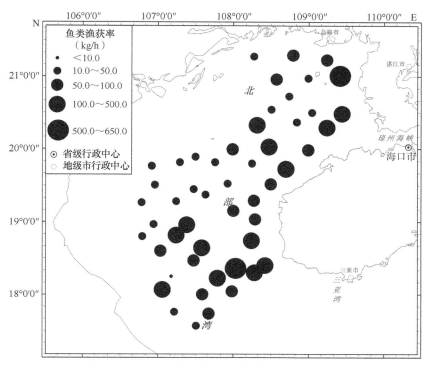

图 2-143 2010 年 7 月北部湾鱼类渔获率分布图

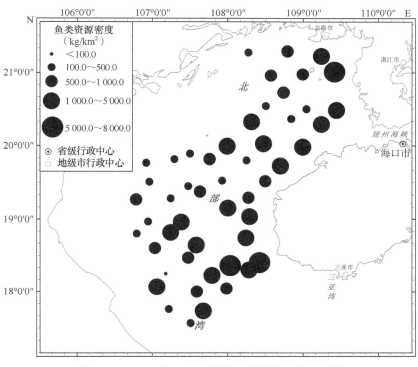

图 2-144 2010 年 7 月北部湾鱼类资源密度分布图

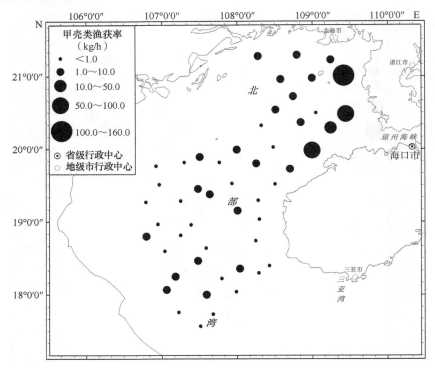

图 2-145　2010 年 7 月北部湾甲壳类渔获率分布图

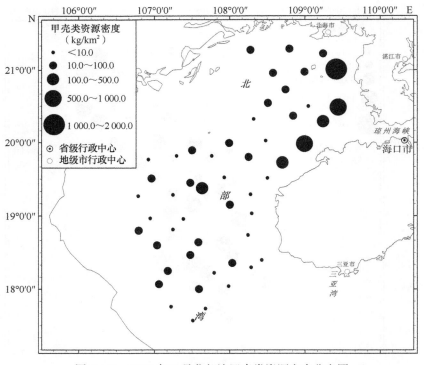

图 2-146　2010 年 7 月北部湾甲壳类资源密度分布图

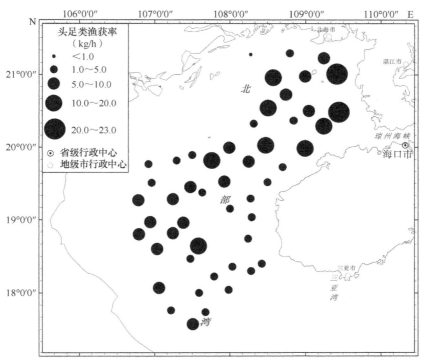

图 2-147　2010 年 7 月北部湾头足类渔获率分布图

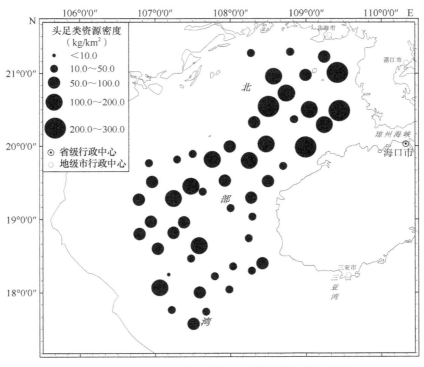

图 2-148　2010 年 7 月北部湾头足类资源密度分布图

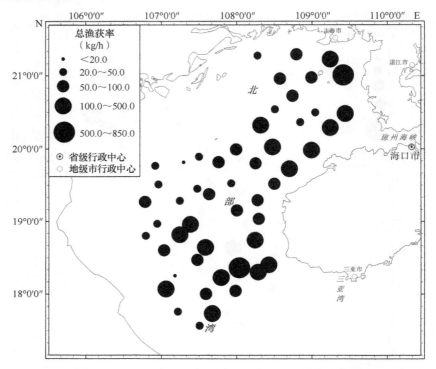

图 2-149　2010 年 7 月北部湾渔业资源总渔获率分布图

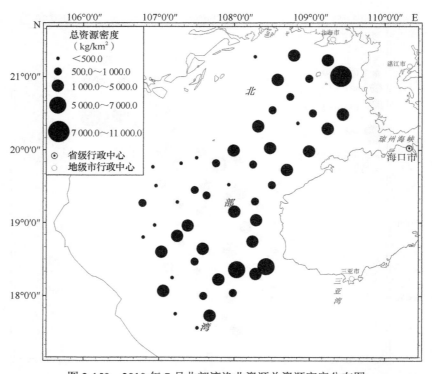

图 2-150　2010 年 7 月北部湾渔业资源总资源密度分布图

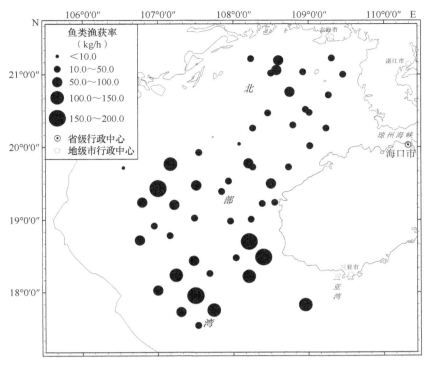

图 2-151 2011 年 1 月北部湾鱼类渔获率分布图

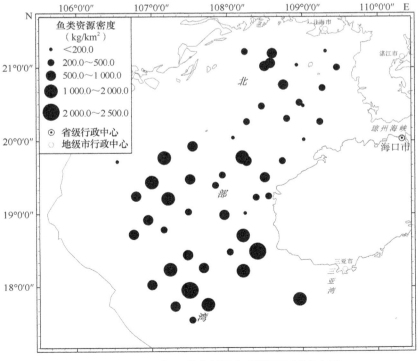

图 2-152 2011 年 1 月北部湾鱼类资源密度分布图

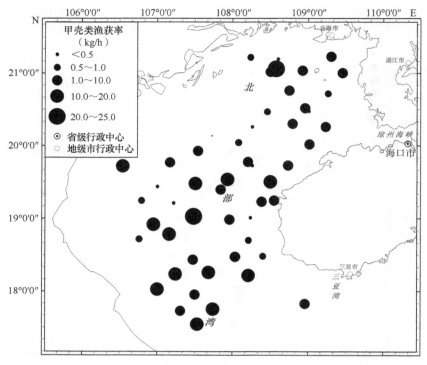

图 2-153   2011 年 1 月北部湾甲壳类渔获率分布图

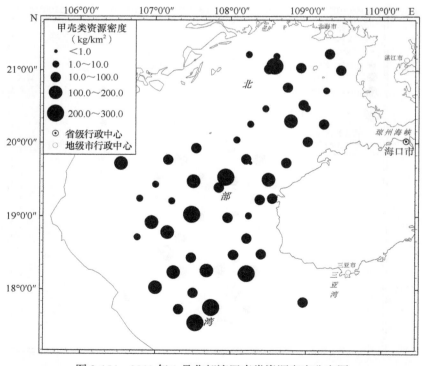

图 2-154   2011 年 1 月北部湾甲壳类资源密度分布图

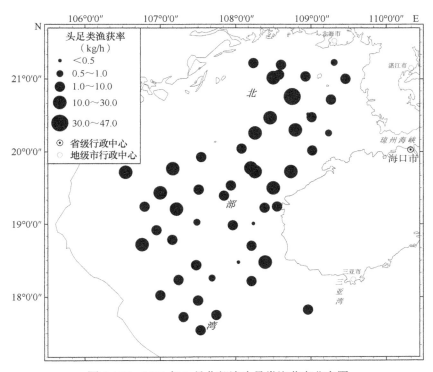

图 2-155 2011 年 1 月北部湾头足类渔获率分布图

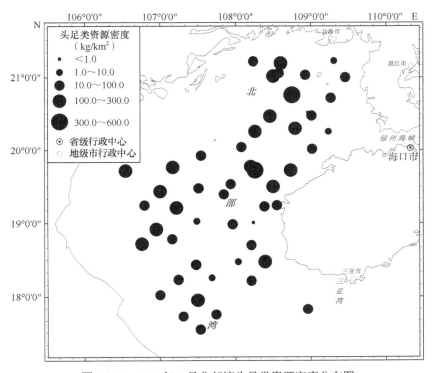

图 2-156 2011 年 1 月北部湾头足类资源密度分布图

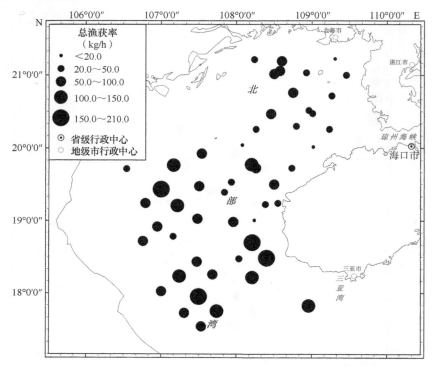

图 2-157　2011 年 1 月北部湾渔业资源总渔获率分布图

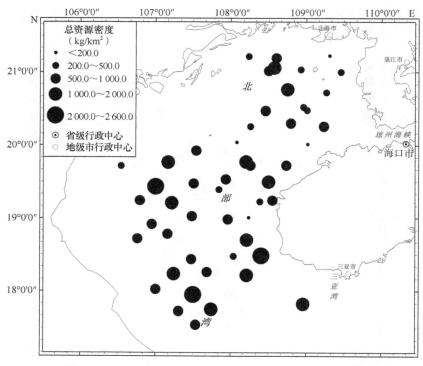

图 2-158　2011 年 1 月北部湾渔业资源总资源密度分布图

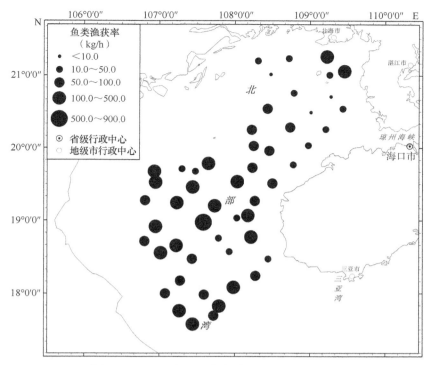

图 2-159　2011 年 7 月北部湾鱼类渔获率分布图

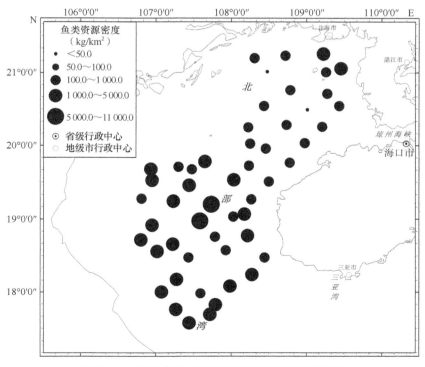

图 2-160　2011 年 7 月北部湾鱼类资源密度分布图

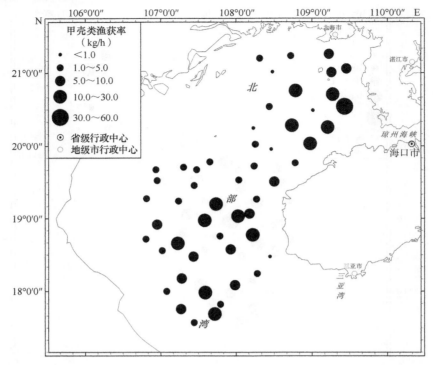

图 2-161　2011 年 7 月北部湾甲壳类渔获率分布图

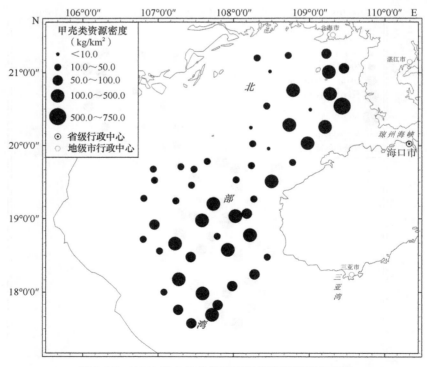

图 2-162　2011 年 7 月北部湾甲壳类资源密度分布图

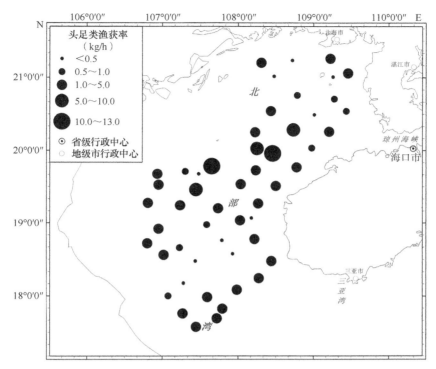

图 2-163　2011 年 7 月北部湾头足类渔获率分布图

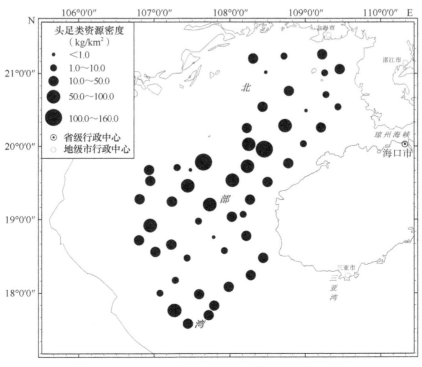

图 2-164　2011 年 7 月北部湾头足类资源密度分布图

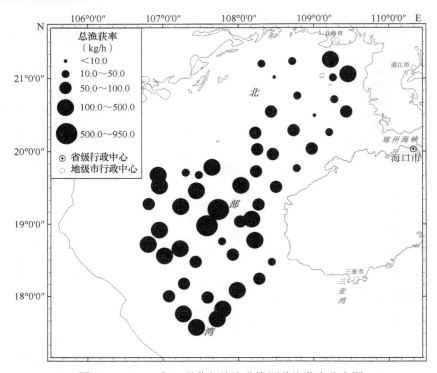

图 2-165　2011 年 7 月北部湾渔业资源总渔获率分布图

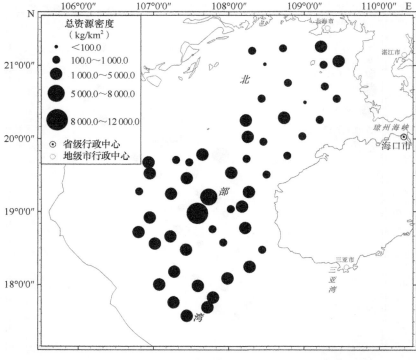

图 2-166　2011 年 7 月北部湾渔业资源总资源密度分布图

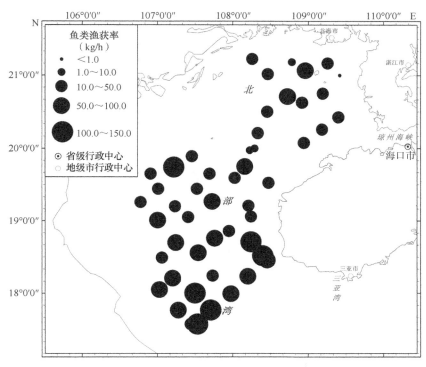

图 2-167 2012 年 1 月北部湾鱼类渔获率分布图

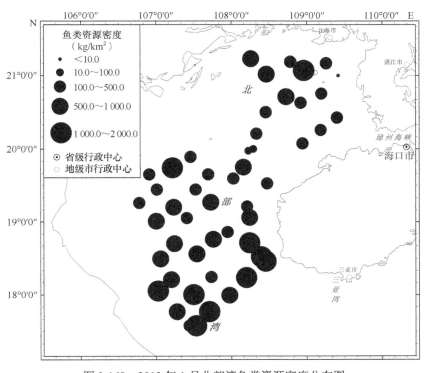

图 2-168 2012 年 1 月北部湾鱼类资源密度分布图

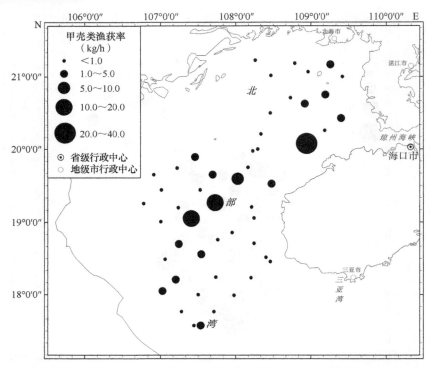

图 2-169　2012 年 1 月北部湾甲壳类渔获率分布图

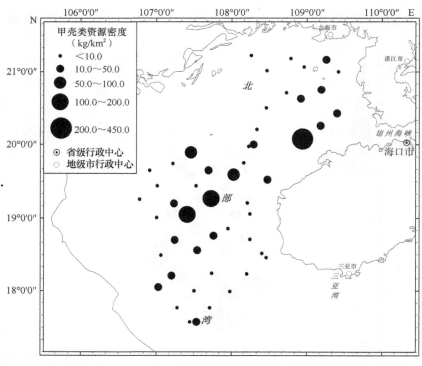

图 2-170　2012 年 1 月北部湾甲壳类资源密度分布图

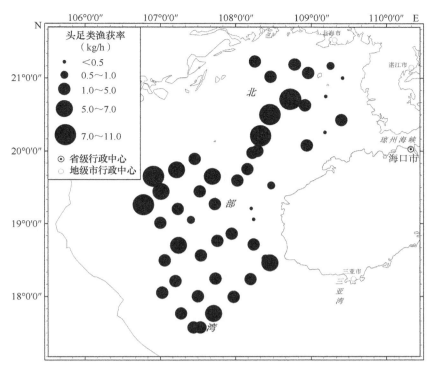

图 2-171　2012 年 1 月北部湾头足类渔获率分布图

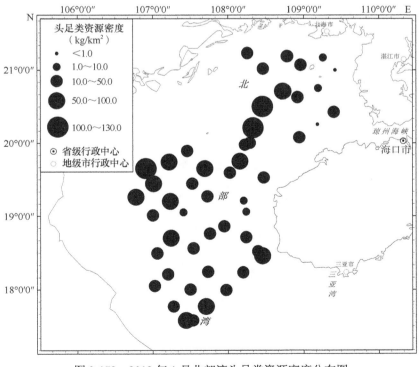

图 2-172　2012 年 1 月北部湾头足类资源密度分布图

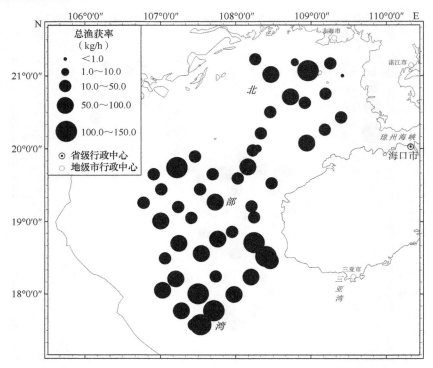

图 2-173　2012 年 1 月北部湾渔业资源总渔获率分布图

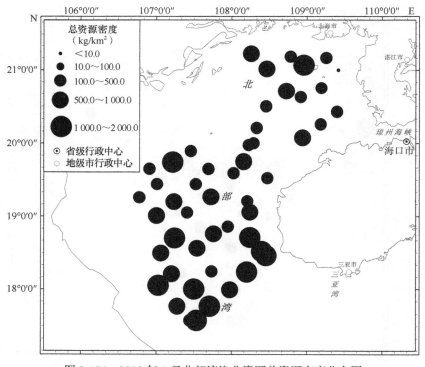

图 2-174　2012 年 1 月北部湾渔业资源总资源密度分布图

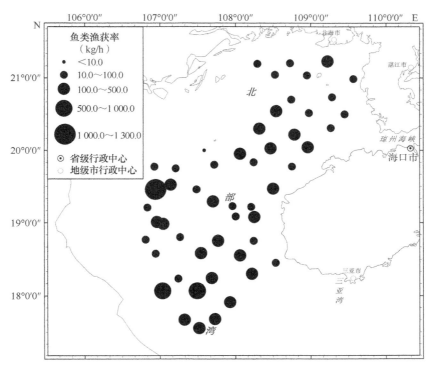

图 2-175　2012 年 7 月北部湾鱼类渔获率分布图

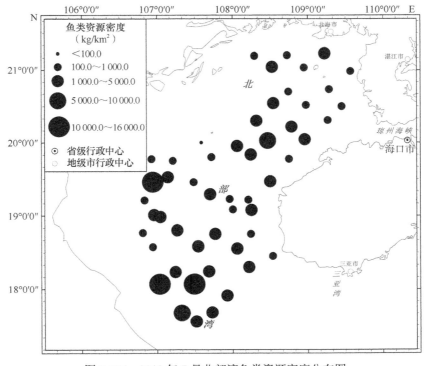

图 2-176　2012 年 7 月北部湾鱼类资源密度分布图

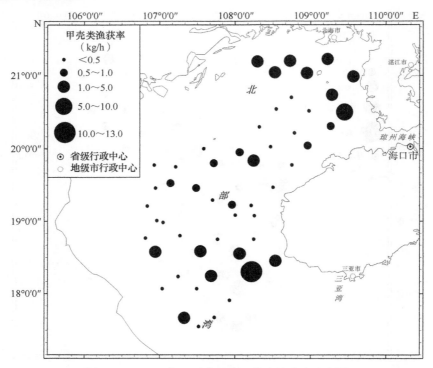

图 2-177　2012 年 7 月北部湾甲壳类渔获率分布图

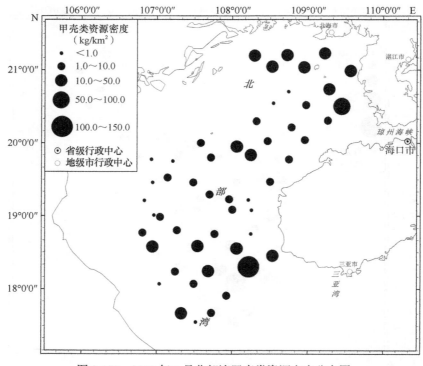

图 2-178　2012 年 7 月北部湾甲壳类资源密度分布图

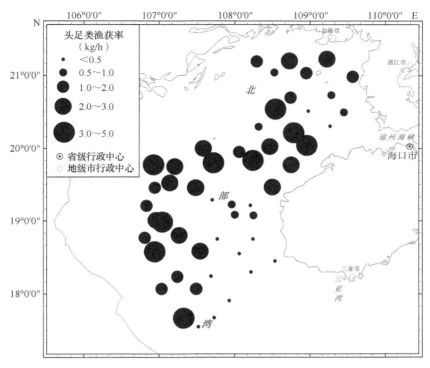

图 2-179　2012 年 7 月北部湾头足类渔获率分布图

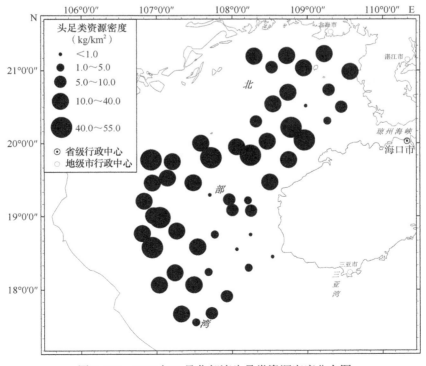

图 2-180　2012 年 7 月北部湾头足类资源密度分布图

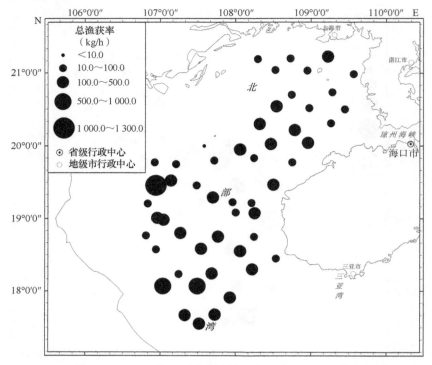

图 2-181　2012 年 7 月北部湾渔业资源总渔获率分布图

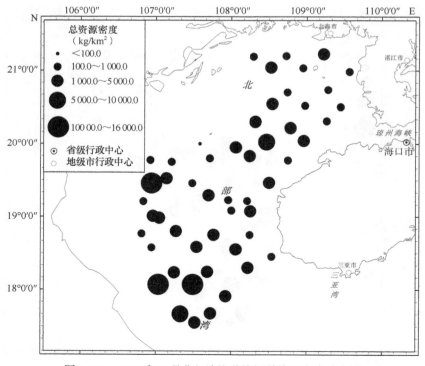

图 2-182　2012 年 7 月北部湾渔业资源总资源密度分布图

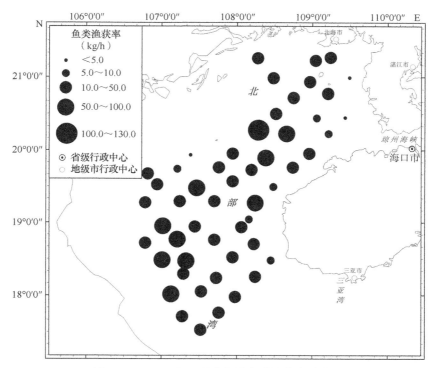

图 2-183　2013 年 1 月北部湾鱼类渔获率分布图

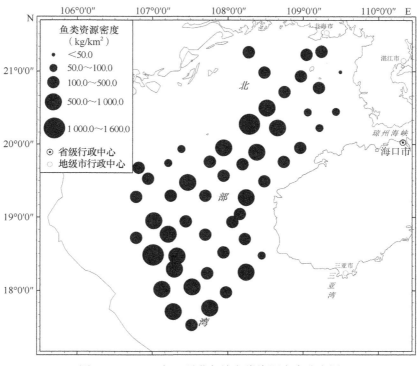

图 2-184　2013 年 1 月北部湾鱼类资源密度分布图

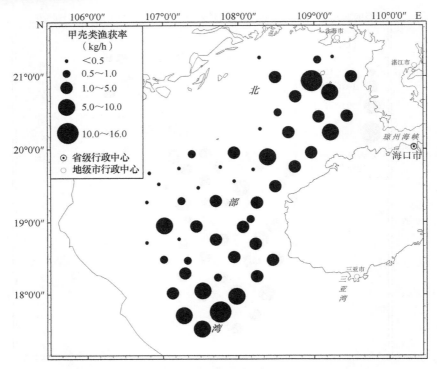

图 2-185　2013 年 1 月北部湾甲壳类渔获率分布图

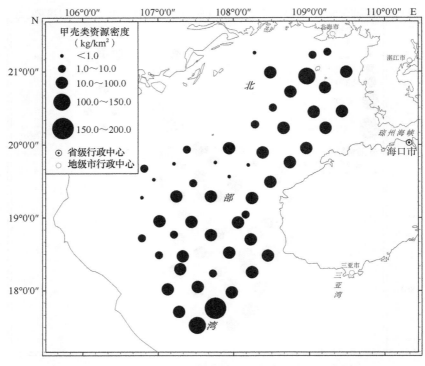

图 2-186　2013 年 1 月北部湾甲壳类资源密度分布图

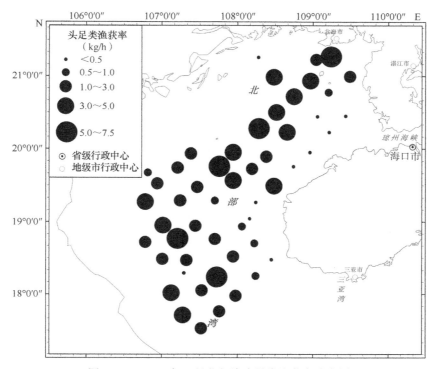

图 2-187　2013 年 1 月北部湾头足类渔获率分布图

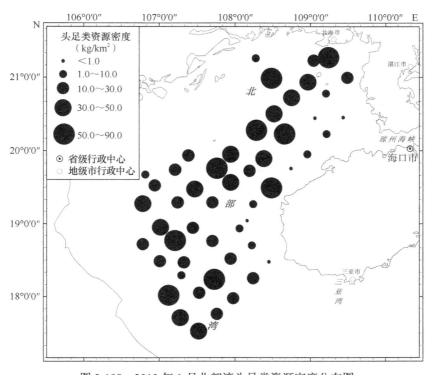

图 2-188　2013 年 1 月北部湾头足类资源密度分布图

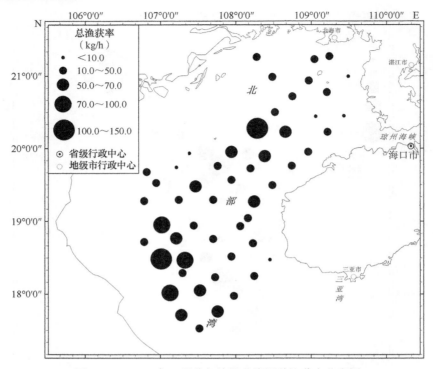

图 2-189 2013 年 1 月北部湾渔业资源总渔获率分布图

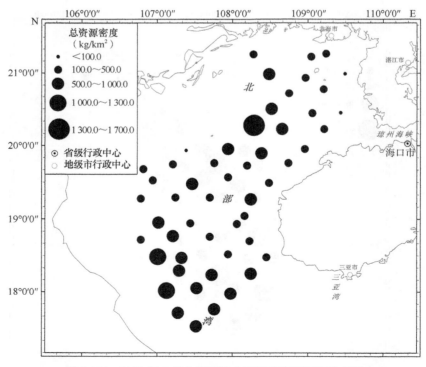

图 2-190 2013 年 1 月北部湾渔业资源总资源密度分布图

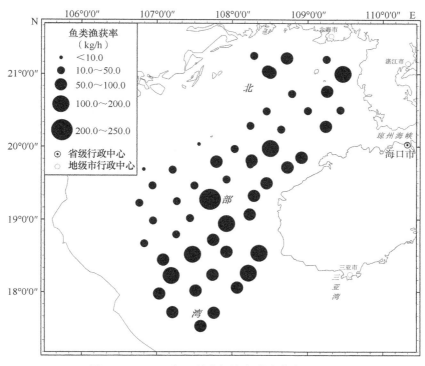

图 2-191 2013 年 7 月北部湾鱼类渔获率分布图

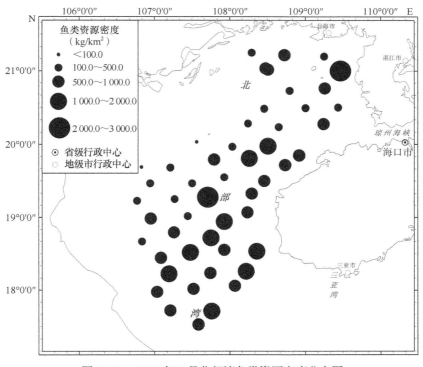

图 2-192 2013 年 7 月北部湾鱼类资源密度分布图

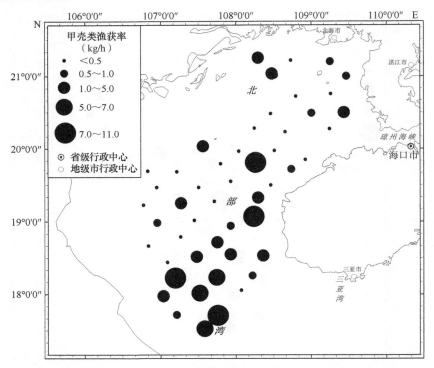

图 2-193　2013 年 7 月北部湾甲壳类渔获率分布图

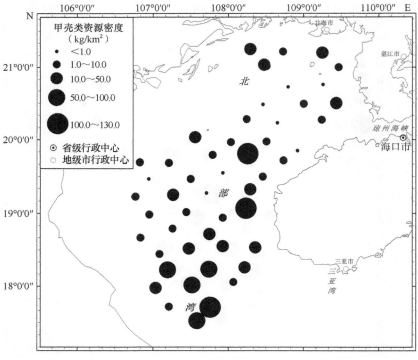

图 2-194　2013 年 7 月北部湾甲壳类资源密度分布图

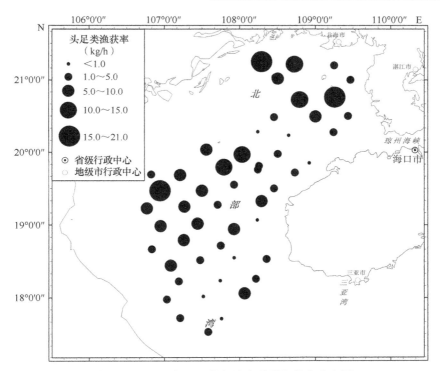

图 2-195　2013 年 7 月北部湾头足类渔获率分布图

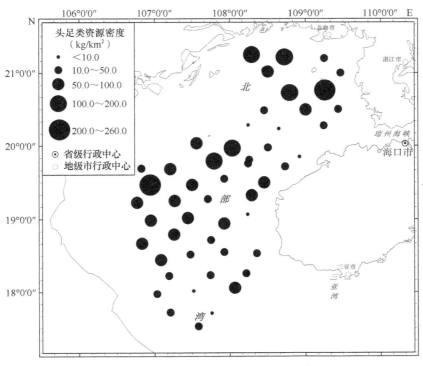

图 2-196　2013 年 7 月北部湾头足类资源密度分布图

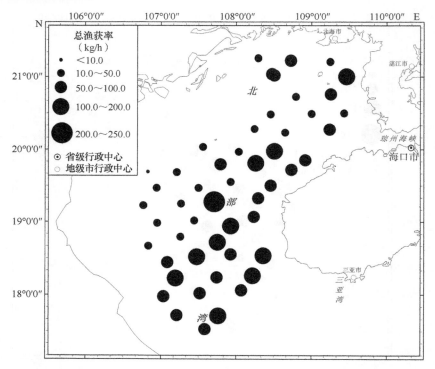

图 2-197   2013 年 7 月北部湾渔业资源总渔获率分布图

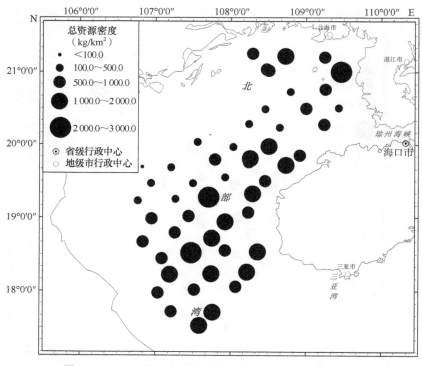

图 2-198   2013 年 7 月北部湾渔业资源总资源密度分布图

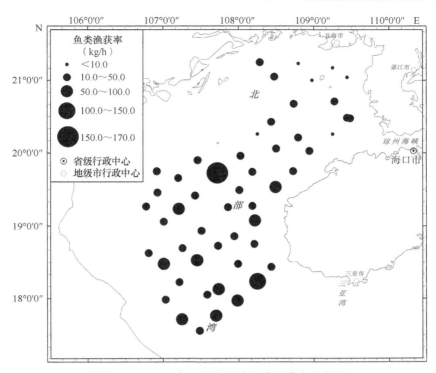

图 2-199　2014 年 1 月北部湾鱼类渔获率分布图

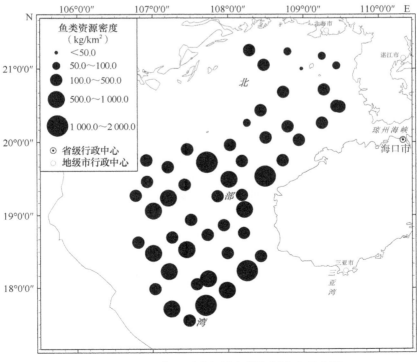

图 2-200　2014 年 1 月北部湾鱼类资源密度分布图

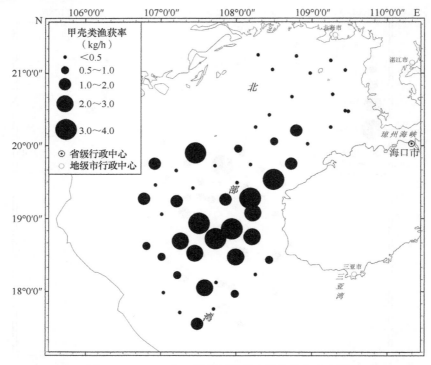

图 2-201　2014 年 1 月北部湾甲壳类渔获率分布图

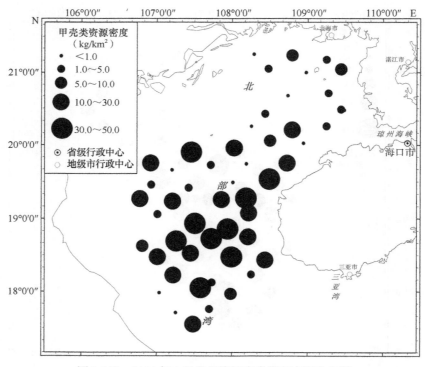

图 2-202　2014 年 1 月北部湾甲壳类资源密度分布图

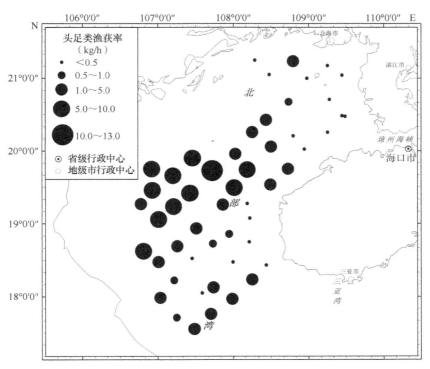

图 2-203 2014 年 1 月北部湾头足类渔获率分布图

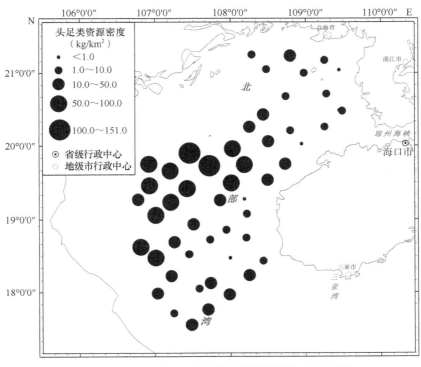

图 2-204 2014 年 1 月北部湾头足类资源密度分布图

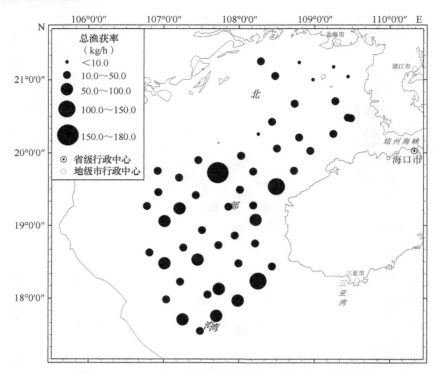

图 2-205　2014 年 1 月北部湾渔业资源总渔获率分布图

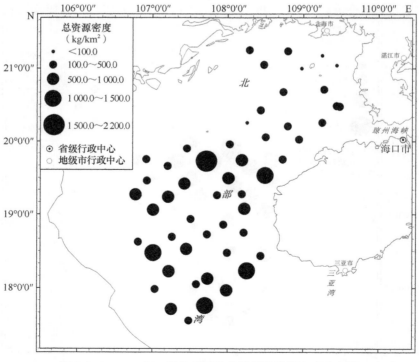

图 2-206　2014 年 1 月北部湾渔业资源总资源密度分布图

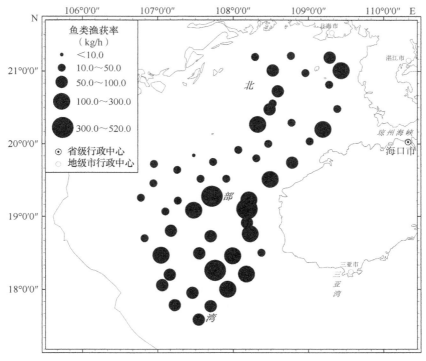

图 2-207　2014 年 7 月北部湾鱼类渔获率分布图

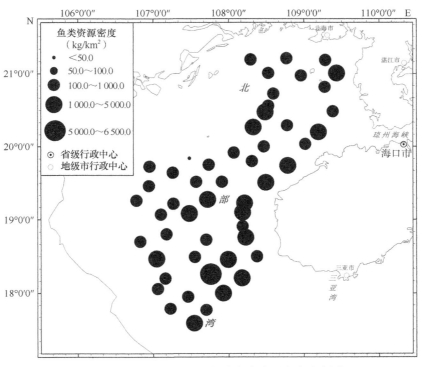

图 2-208　2014 年 7 月北部湾鱼类资源密度分布图

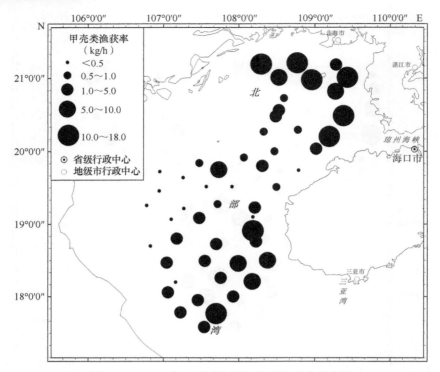

图 2-209　2014 年 7 月北部湾甲壳类渔获率分布图

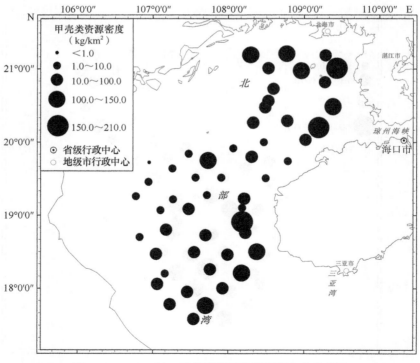

图 2-210　2014 年 7 月北部湾甲壳类资源密度分布图

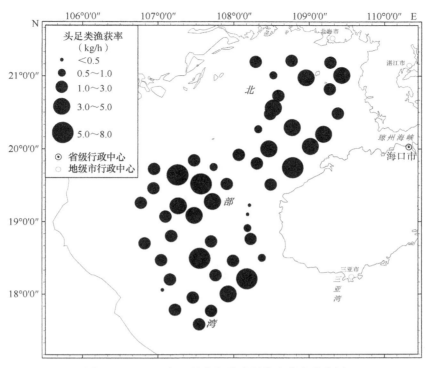

图 2-211 2014 年 7 月北部湾头足类渔获率分布图

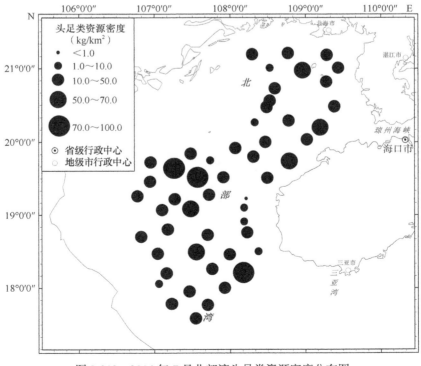

图 2-212 2014 年 7 月北部湾头足类资源密度分布图

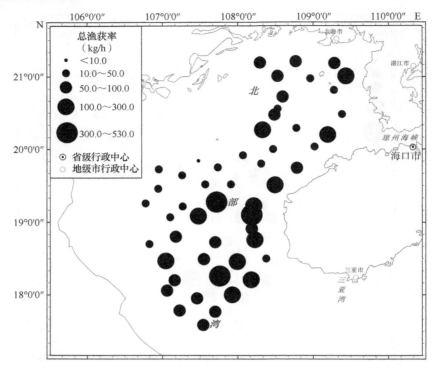

图 2-213　2014 年 7 月北部湾渔业资源总渔获率分布图

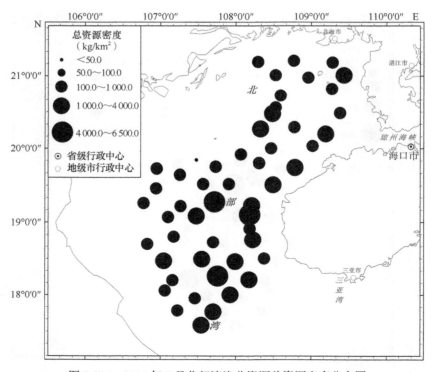

图 2-214　2014 年 7 月北部湾渔业资源总资源密度分布图

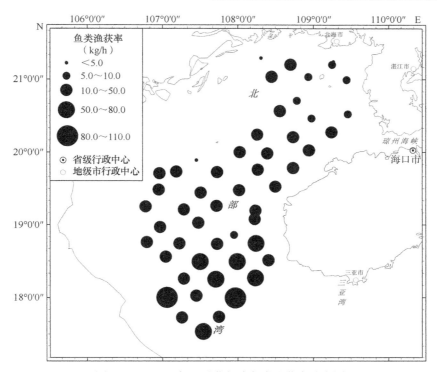

图 2-215 2015 年 1 月北部湾鱼类渔获率分布图

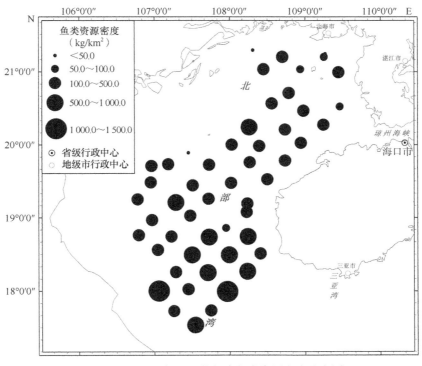

图 2-216 2015 年 1 月北部湾鱼类资源密度分布图

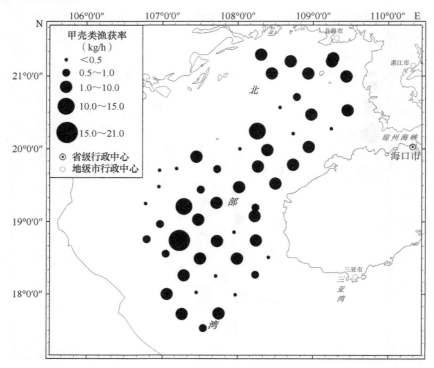

图 2-217　2015 年 1 月北部湾甲壳类渔获率分布图

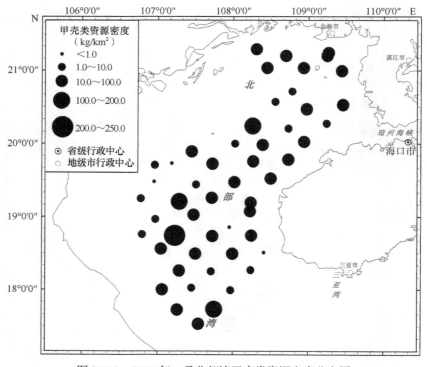

图 2-218　2015 年 1 月北部湾甲壳类资源密度分布图

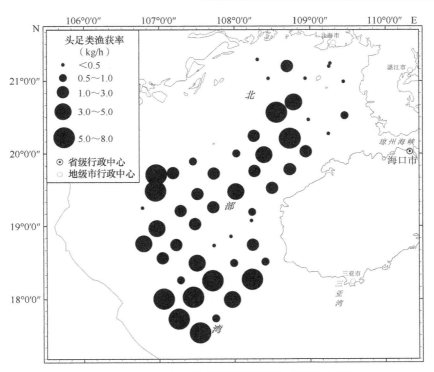

图 2-219 　2015 年 1 月北部湾头足类渔获率分布图

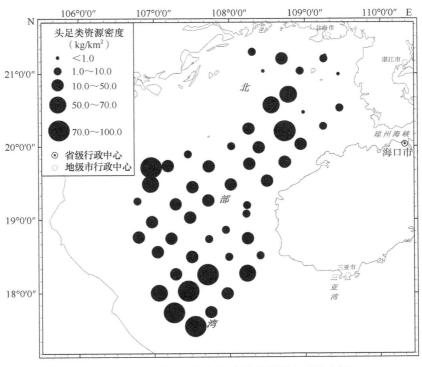

图 2-220 　2015 年 1 月北部湾头足类资源密度分布图

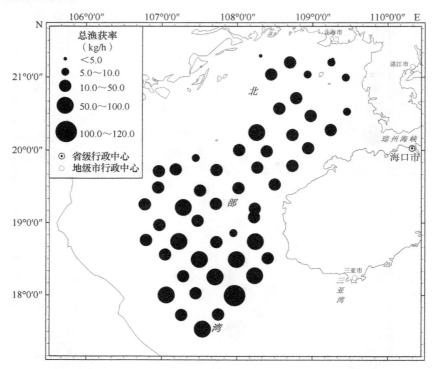

图 2-221　2015 年 1 月北部湾渔业资源总渔获率分布图

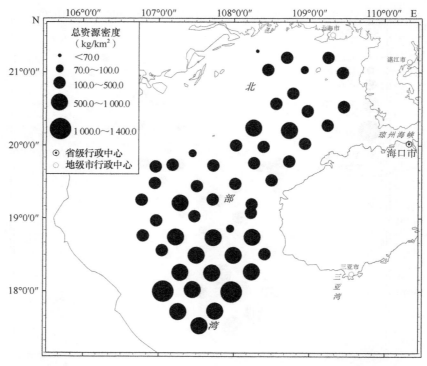

图 2-222　2015 年 1 月北部湾渔业资源总资源密度分布图

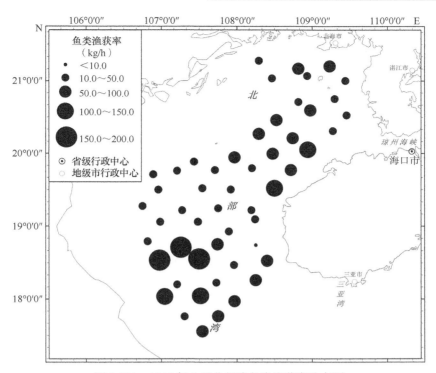

图 2-223　2015 年 7 月北部湾鱼类渔获率分布图

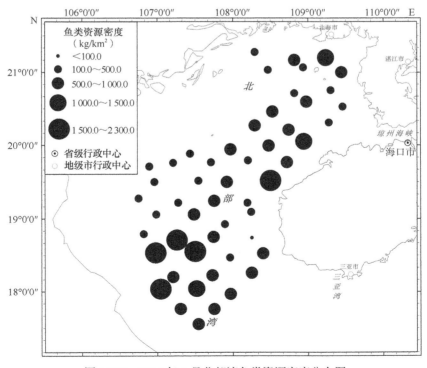

图 2-224　2015 年 7 月北部湾鱼类资源密度分布图

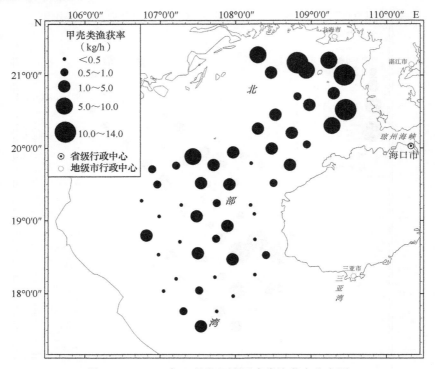

图 2-225　2015 年 7 月北部湾甲壳类渔获率分布图

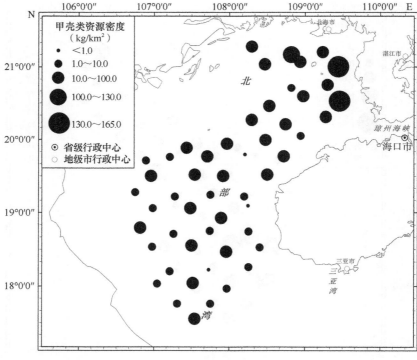

图 2-226　2015 年 7 月北部湾甲壳类资源密度分布图

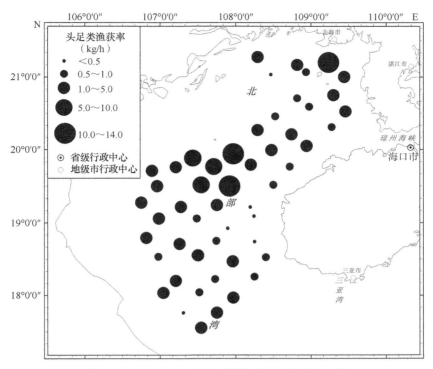

图 2-227　2015 年 7 月北部湾头足类渔获率分布图

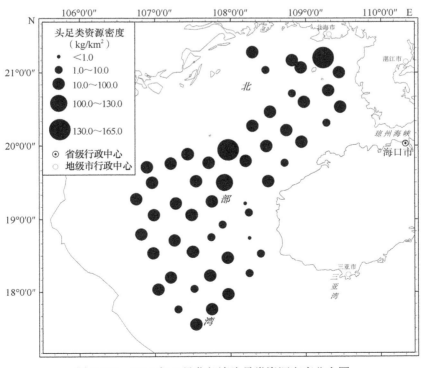

图 2-228　2015 年 7 月北部湾头足类资源密度分布图

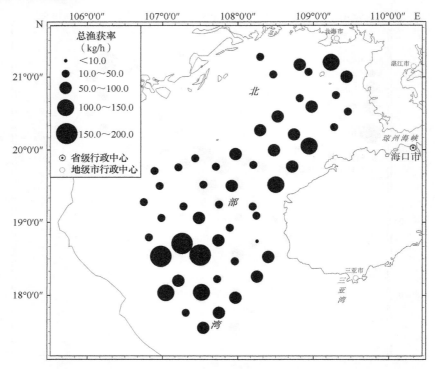

图 2-229　2015 年 7 月北部湾渔业资源总渔获率分布图

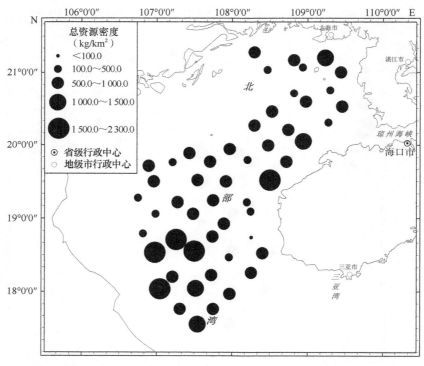

图 2-230　2015 年 7 月北部湾渔业资源总资源密度分布图

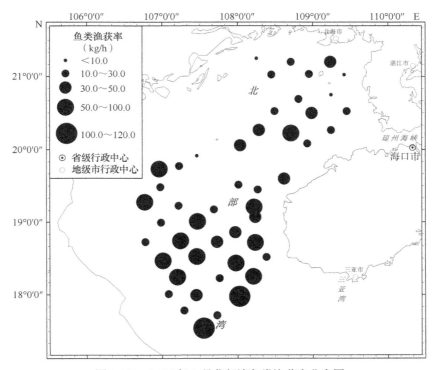

图 2-231　2016 年 1 月北部湾鱼类渔获率分布图

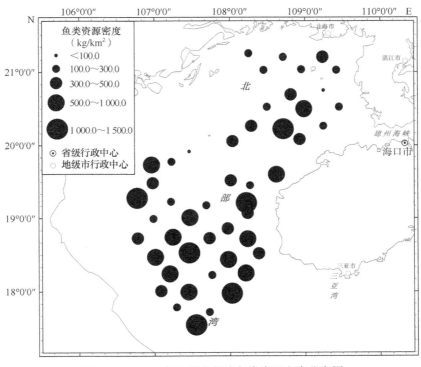

图 2-232　2016 年 1 月北部湾鱼类资源密度分布图

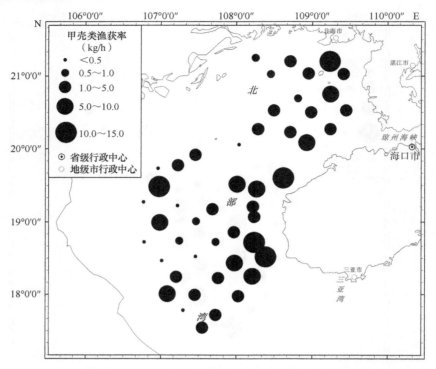

图 2-233　2016 年 1 月北部湾甲壳类渔获率分布图

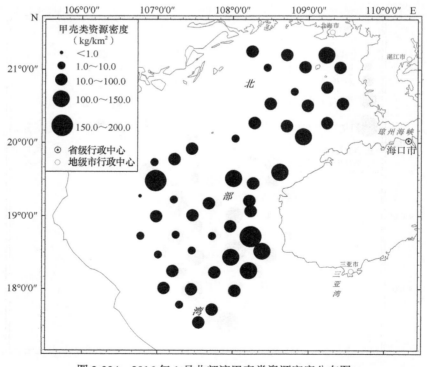

图 2-234　2016 年 1 月北部湾甲壳类资源密度分布图

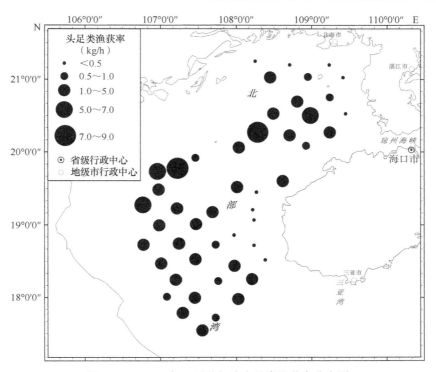

图 2-235 2016 年 1 月北部湾头足类渔获率分布图

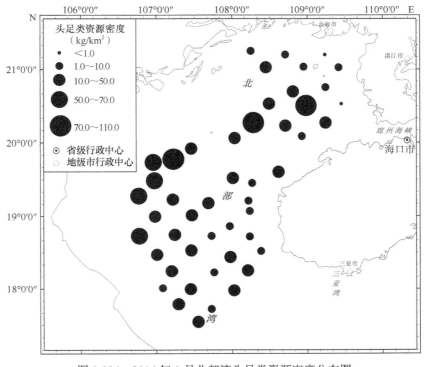

图 2-236 2016 年 1 月北部湾头足类资源密度分布图

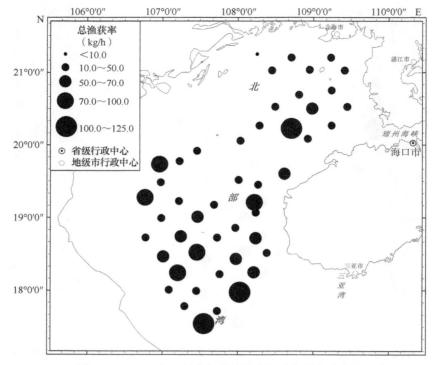

图 2-237　2016 年 1 月北部湾渔业资源总渔获率分布图

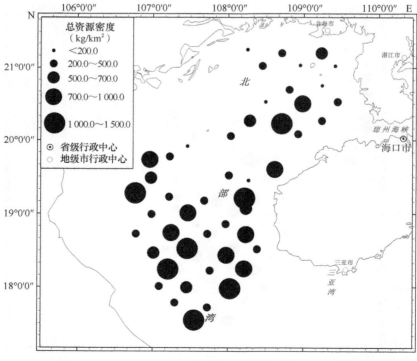

图 2-238　2016 年 1 月北部湾渔业资源总资源密度分布图

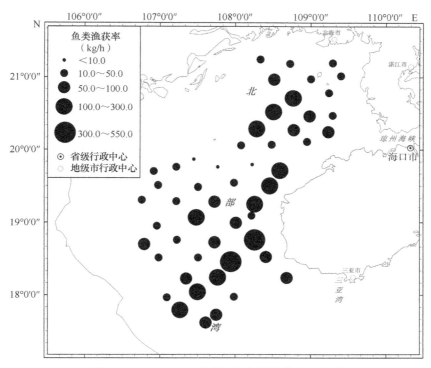

图 2-239　2016 年 7 月北部湾鱼类渔获率分布图

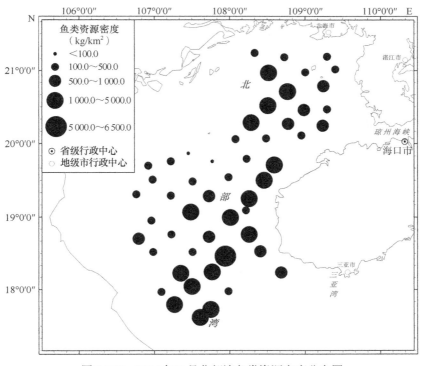

图 2-240　2016 年 7 月北部湾鱼类资源密度分布图

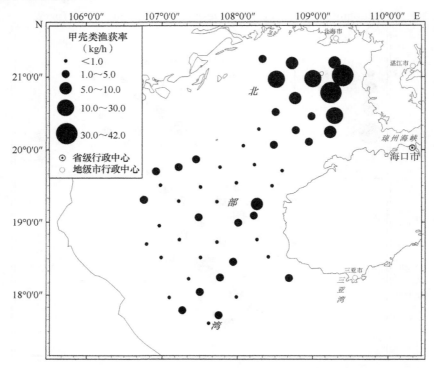

图 2-241　2016 年 7 月北部湾甲壳类渔获率分布图

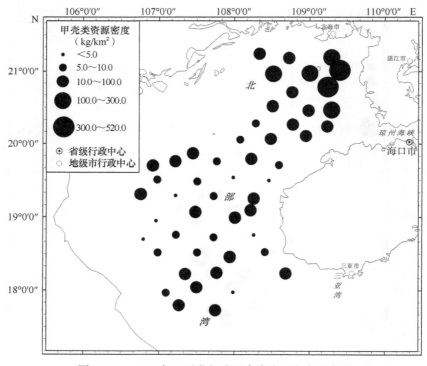

图 2-242　2016 年 7 月北部湾甲壳类资源密度分布图

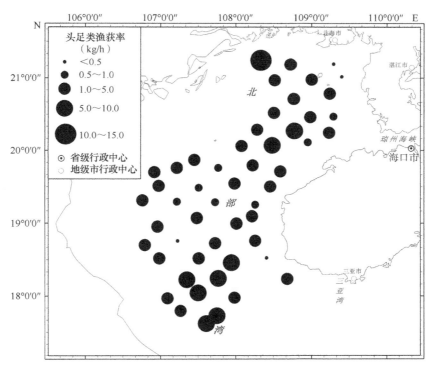

图 2-243　2016 年 7 月北部湾头足类渔获率分布图

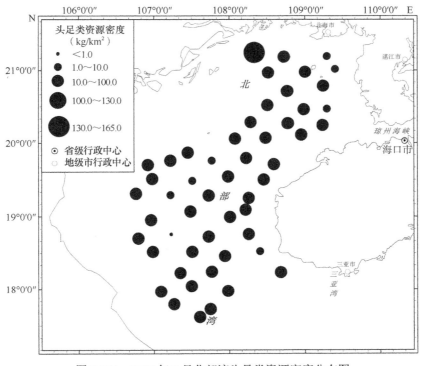

图 2-244　2016 年 7 月北部湾头足类资源密度分布图

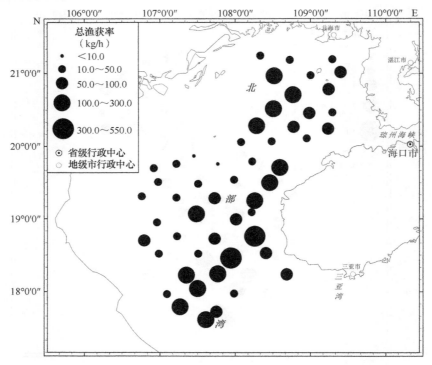

图 2-245　2016 年 7 月北部湾渔业资源总渔获率分布图

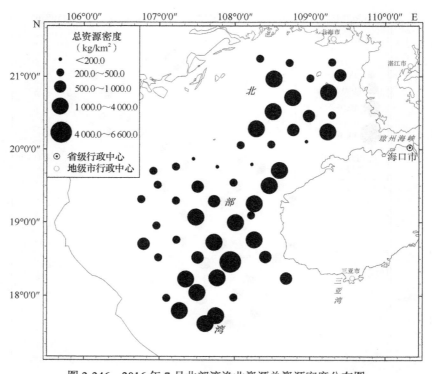

图 2-246　2016 年 7 月北部湾渔业资源总资源密度分布图

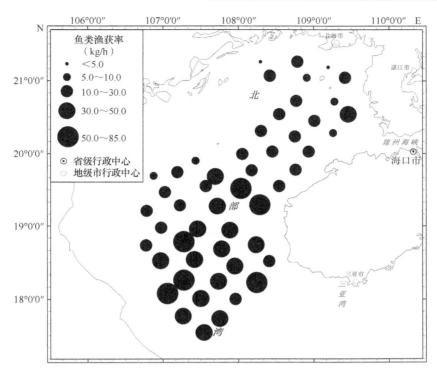

图 2-247　2017 年 1 月北部湾鱼类渔获率分布图

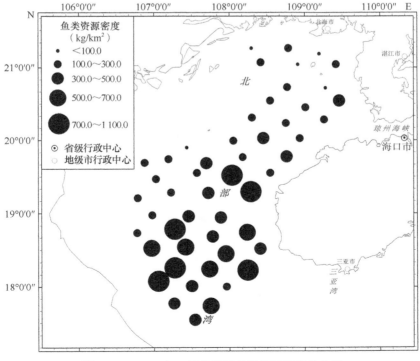

图 2-248　2017 年 1 月北部湾鱼类资源密度分布图

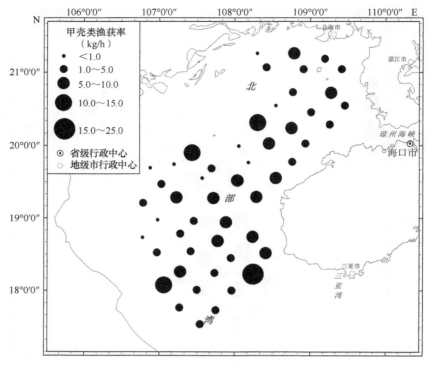

图 2-249　2017 年 1 月北部湾甲壳类渔获率分布图

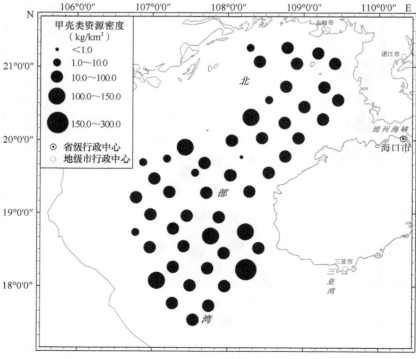

图 2-250　2017 年 1 月北部湾甲壳类资源密度分布图

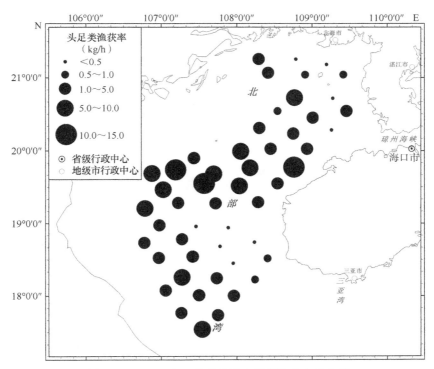

图 2-251　2017 年 1 月北部湾头足类渔获率分布图

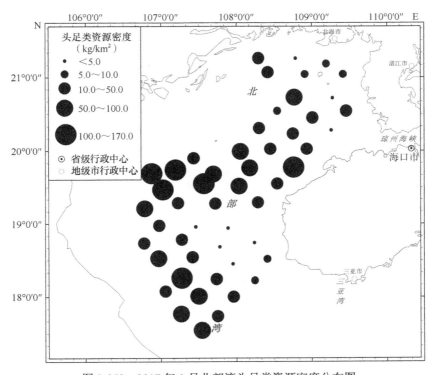

图 2-252　2017 年 1 月北部湾头足类资源密度分布图

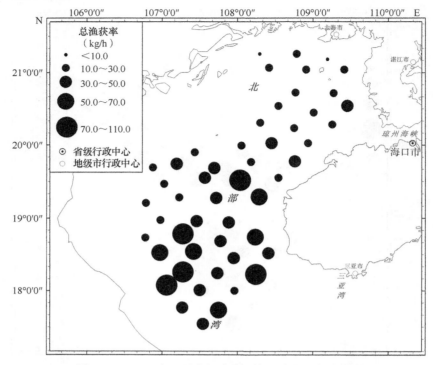

图 2-253　2017 年 1 月北部湾渔业资源总渔获率分布图

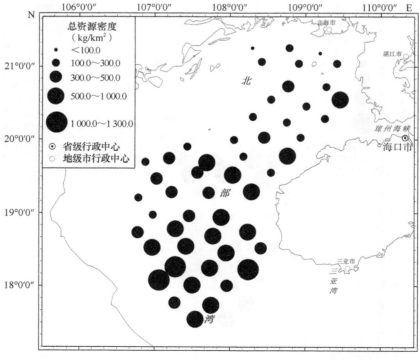

图 2-254　2017 年 1 月北部湾渔业资源总资源密度分布图

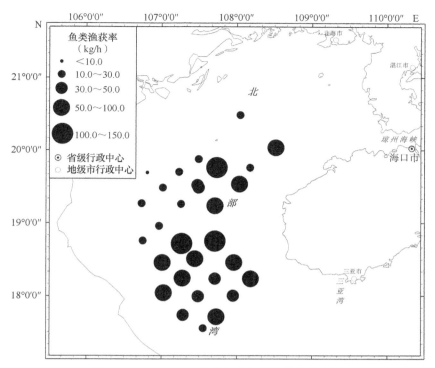

图 2-255 2017 年 7 月北部湾鱼类渔获率分布图

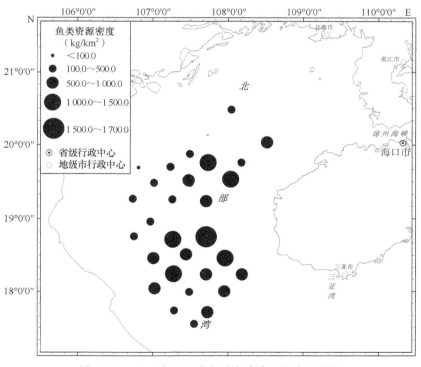

图 2-256 2017 年 7 月北部湾鱼类资源密度分布图

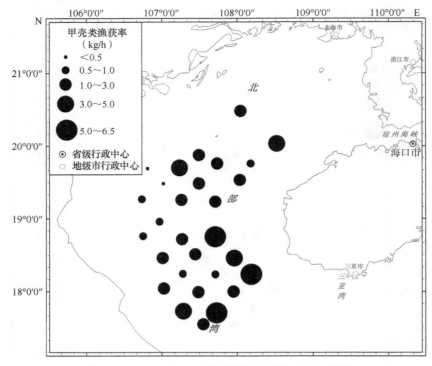

图 2-257　2017 年 7 月北部湾甲壳类渔获率分布图

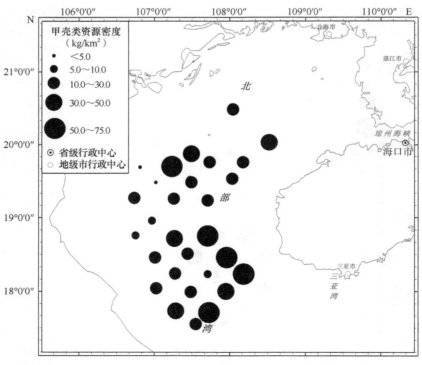

图 2-258　2017 年 7 月北部湾甲壳类资源密度分布图

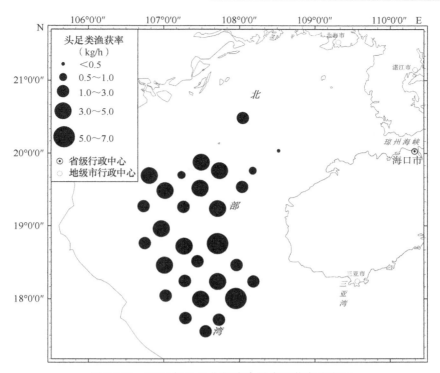

图 2-259　2017 年 7 月北部湾头足类渔获率分布图

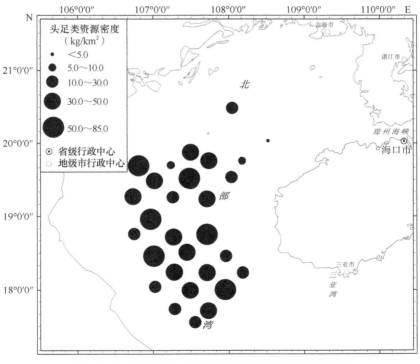

图 2-260　2017 年 7 月北部湾头足类资源密度分布图

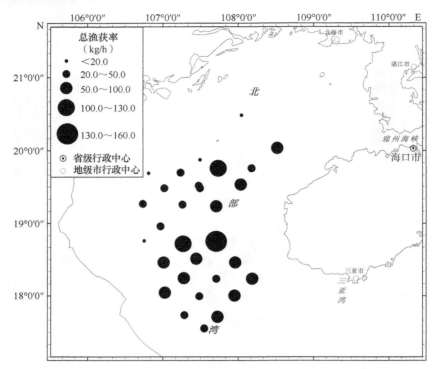

图 2-261　2017 年 7 月北部湾渔业资源总渔获率分布图

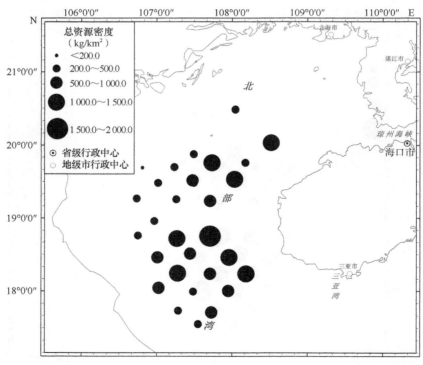

图 2-262　2017 年 7 月北部湾渔业资源总资源密度分布图

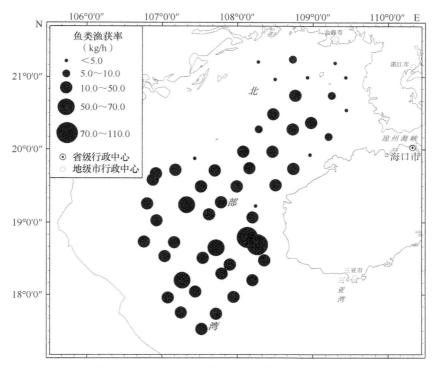

图 2-263　2018 年 1 月北部湾鱼类渔获率分布图

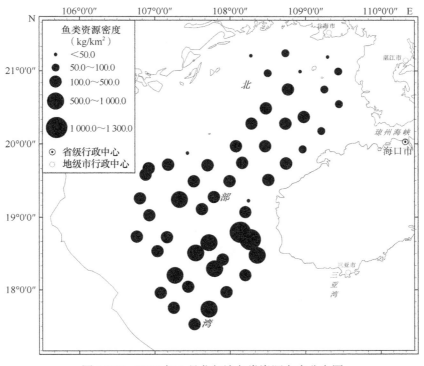

图 2-264　2018 年 1 月北部湾鱼类资源密度分布图

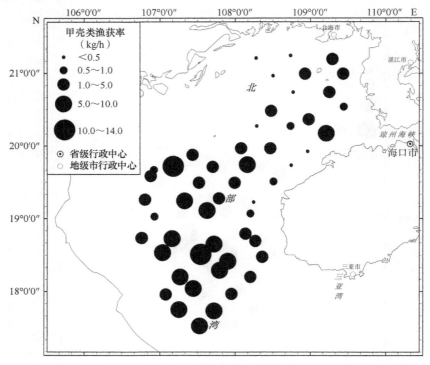

图 2-265　2018 年 1 月北部湾甲壳类渔获率分布图

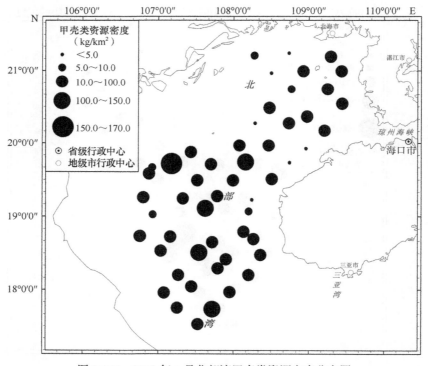

图 2-266　2018 年 1 月北部湾甲壳类资源密度分布图

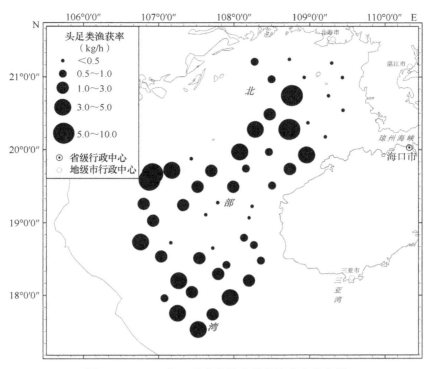

图 2-267 2018 年 1 月北部湾头足类渔获率分布图

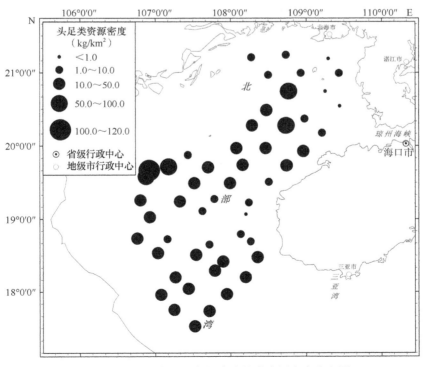

图 2-268 2018 年 1 月北部湾头足类资源密度分布图

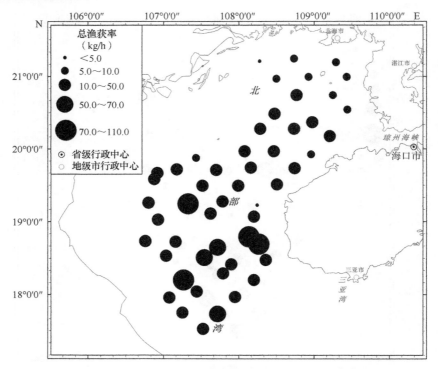

图 2-269　2018 年 1 月北部湾渔业资源总渔获率分布图

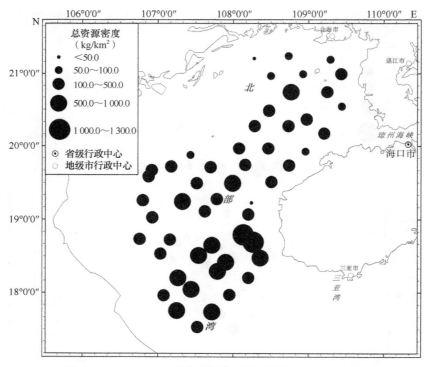

图 2-270　2018 年 1 月北部湾渔业资源总资源密度分布图

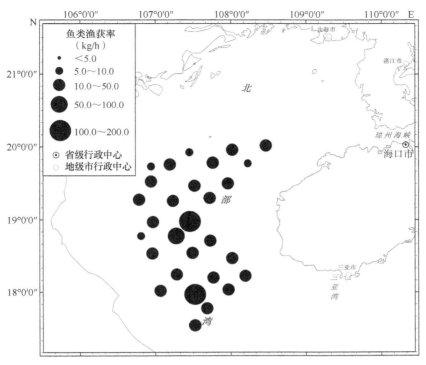

图 2-271　2018 年 7 月北部湾鱼类渔获率分布图

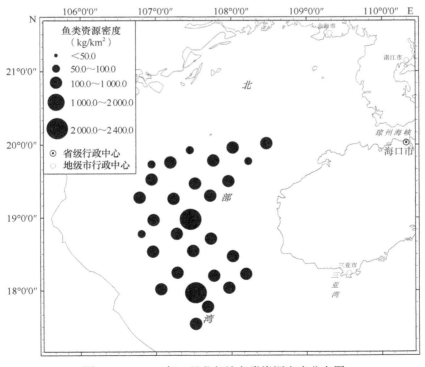

图 2-272　2018 年 7 月北部湾鱼类资源密度分布图

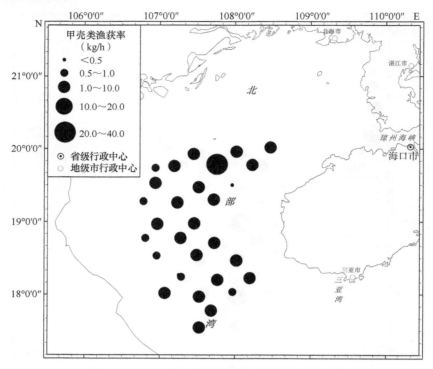

图 2-273　2018 年 7 月北部湾甲壳类渔获率分布图

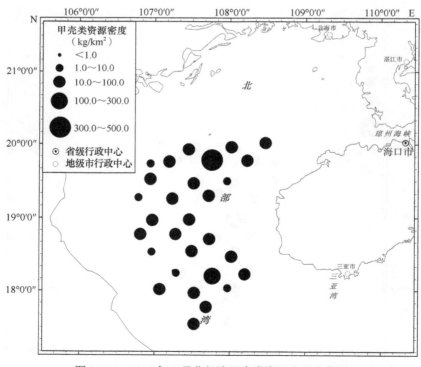

图 2-274　2018 年 7 月北部湾甲壳类资源密度分布图

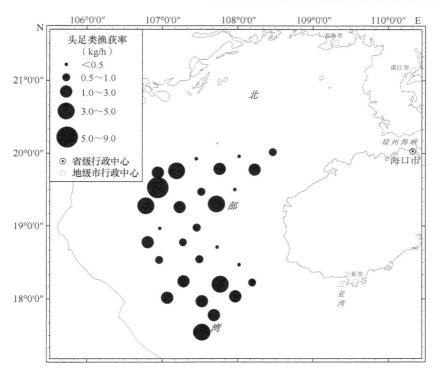

图 2-275　2018 年 7 月北部湾头足类渔获率分布图

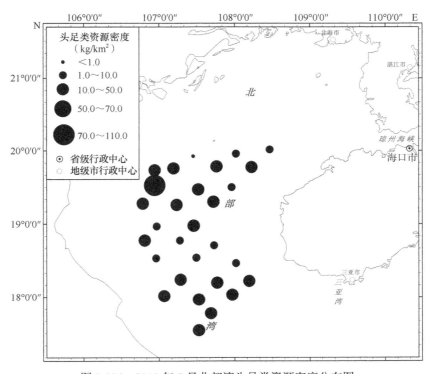

图 2-276　2018 年 7 月北部湾头足类资源密度分布图

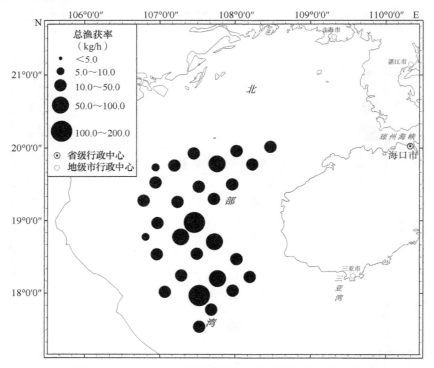

图 2-277　2018 年 7 月北部湾渔业资源总渔获率分布图

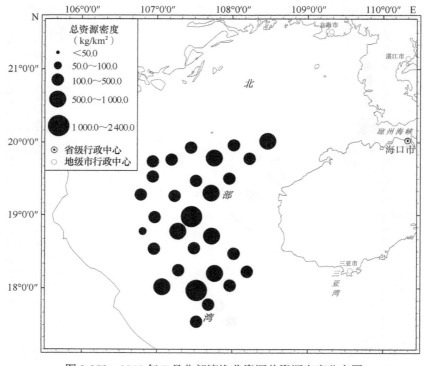

图 2-278　2018 年 7 月北部湾渔业资源总资源密度分布图

第三章　珠江口渔业资源图集

（1963—2016）

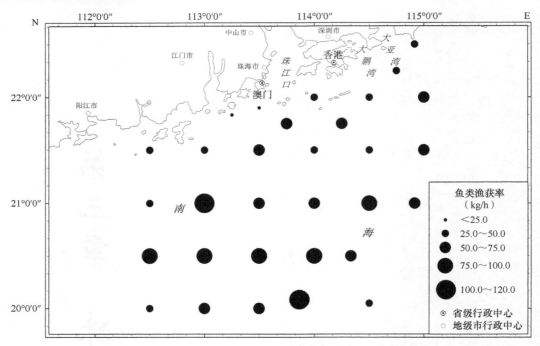

图 3-1　1963—1965 年珠江口鱼类渔获率分布图

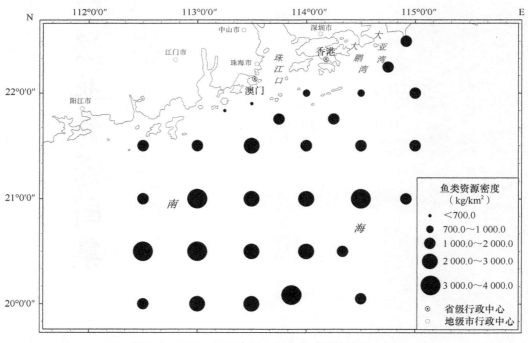

图 3-2　1963—1965 年珠江口鱼类资源密度分布图

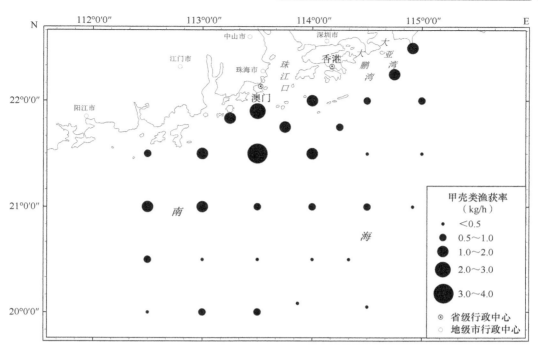

图 3-3 1963—1965 年珠江口甲壳类渔获率分布图

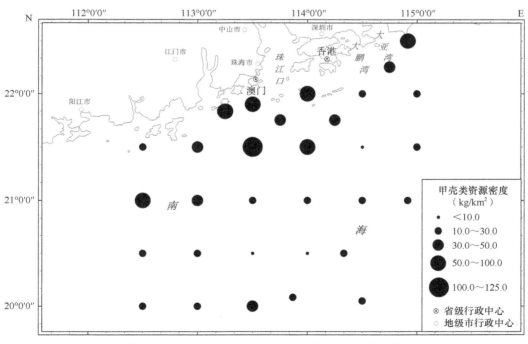

图 3-4 1963—1965 年珠江口甲壳类资源密度分布图

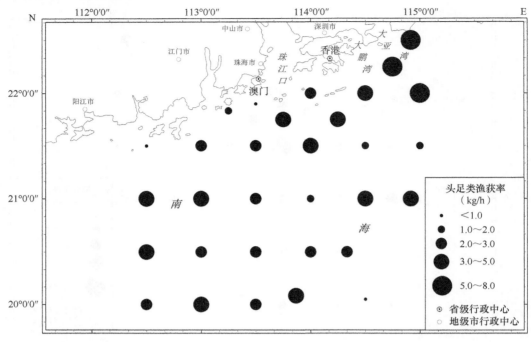

图 3-5　1963—1965 年珠江口头足类渔获率分布图

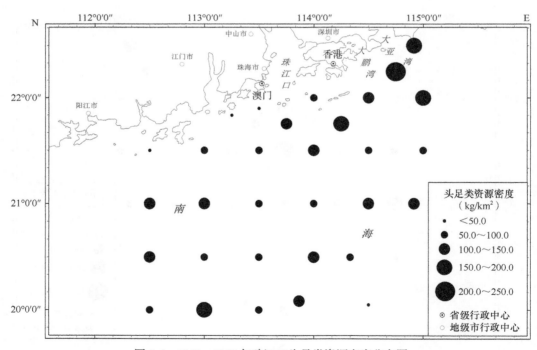

图 3-6　1963—1965 年珠江口头足类资源密度分布图

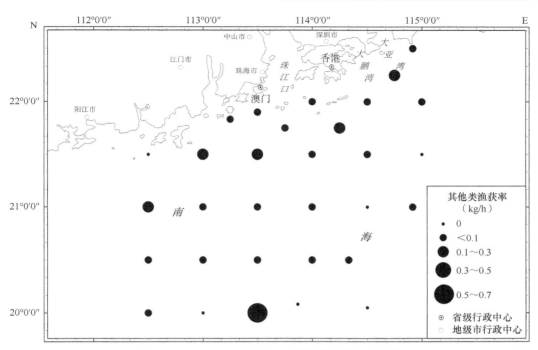

图 3-7 1963—1965 年珠江口其他类渔获率分布图

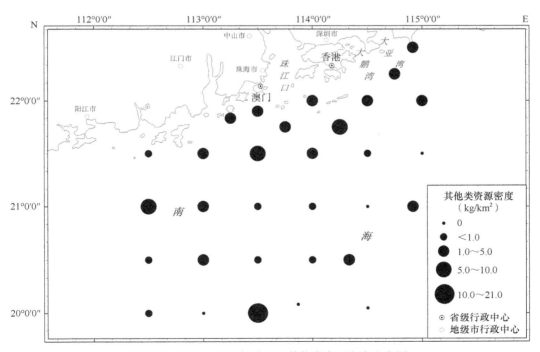

图 3-8 1963—1965 年珠江口其他类资源密度分布图

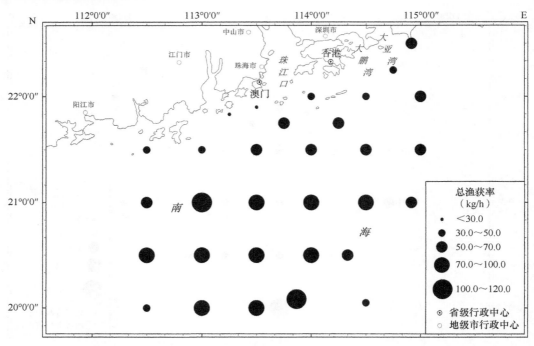

图 3-9　1963—1965 年珠江口渔业资源总渔获率分布图

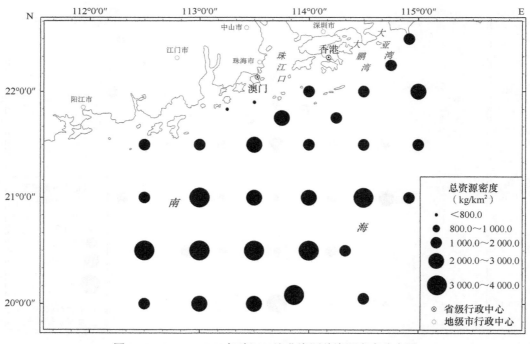

图 3-10　1963—1965 年珠江口渔业资源总资源密度分布图

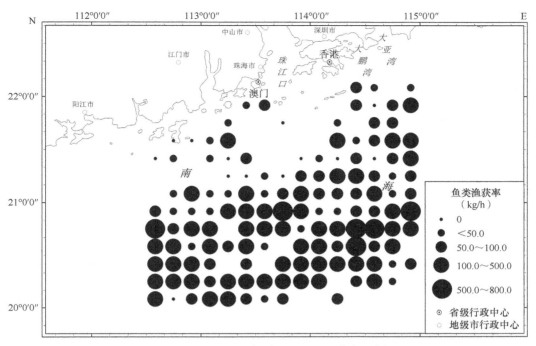

图 3-11　1973—1977 年珠江口鱼类渔获率分布图

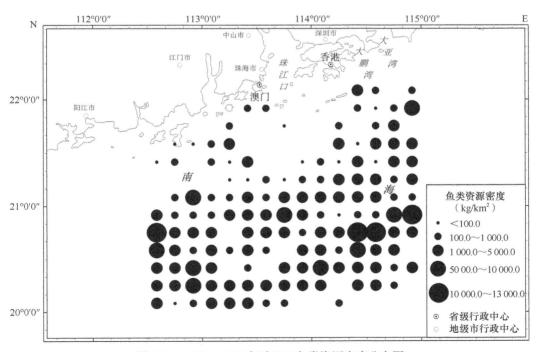

图 3-12　1973—1977 年珠江口鱼类资源密度分布图

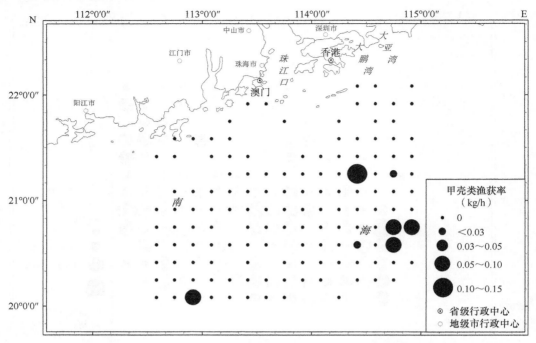

图 3-13　1973—1977 年珠江口甲壳类渔获率分布图

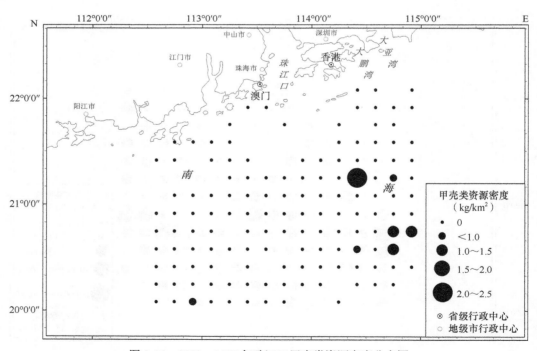

图 3-14　1973—1977 年珠江口甲壳类资源密度分布图

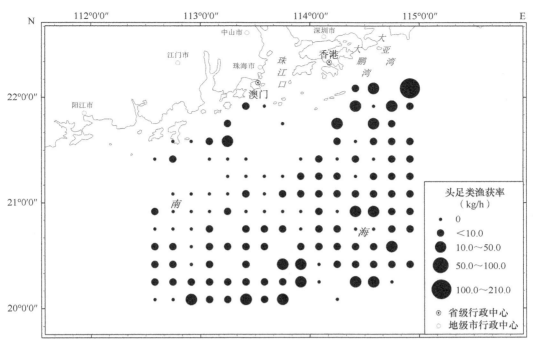

图 3-15　1973—1977 年珠江口头足类渔获率分布图

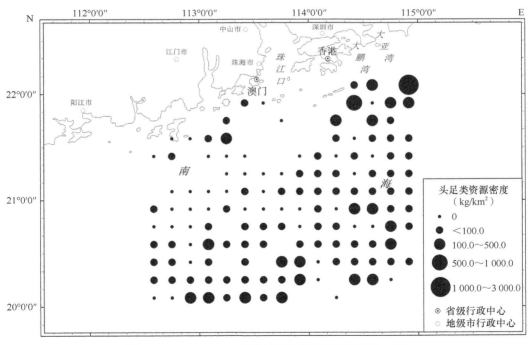

图 3-16　1973—1977 年珠江口头足类资源密度分布图

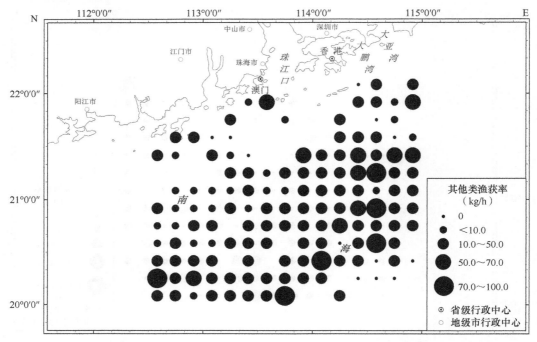

图 3-17　1973—1977 年珠江口渔业资源其他类渔获率分布图

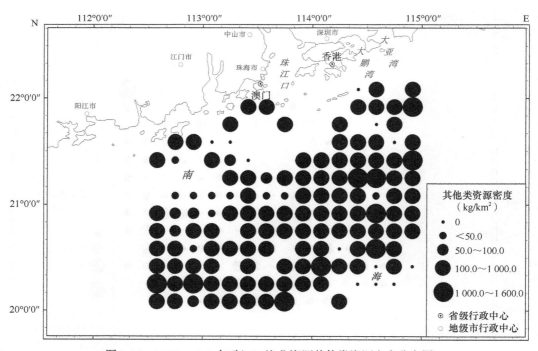

图 3-18　1973—1977 年珠江口渔业资源其他类资源密度分布图

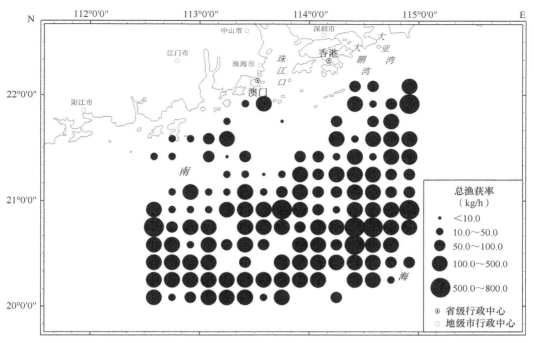

图 3-19　1973—1977 年珠江口渔业资源总渔获率分布图

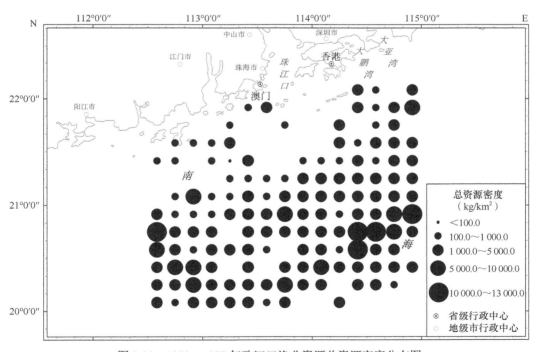

图 3-20　1973—1977 年珠江口渔业资源总资源密度分布图

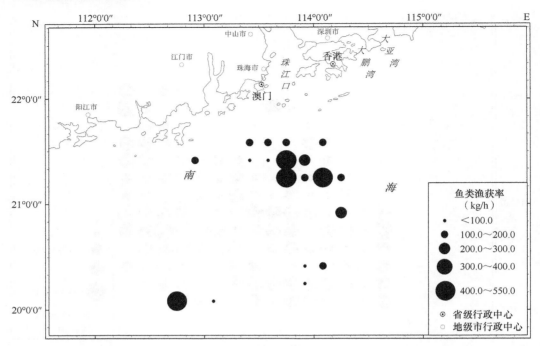

图 3-21　1976 年珠江口鱼类渔获率分布图

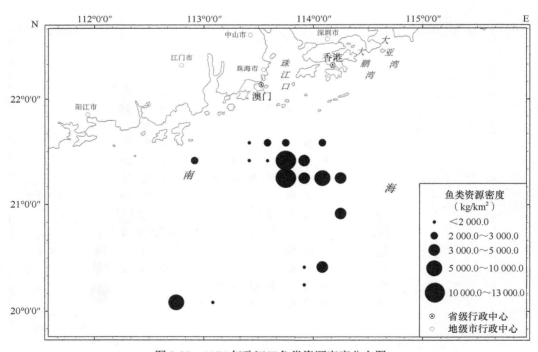

图 3-22　1976 年珠江口鱼类资源密度分布图

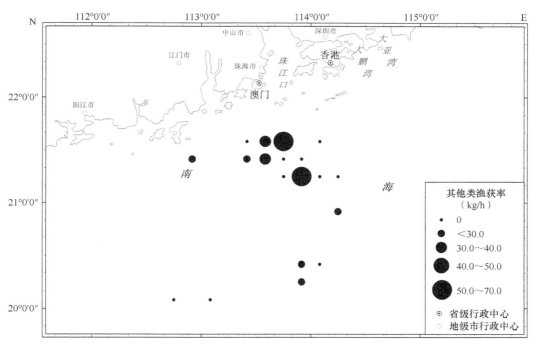

图 3-23　1976 年珠江口渔业资源其他类渔获率分布图

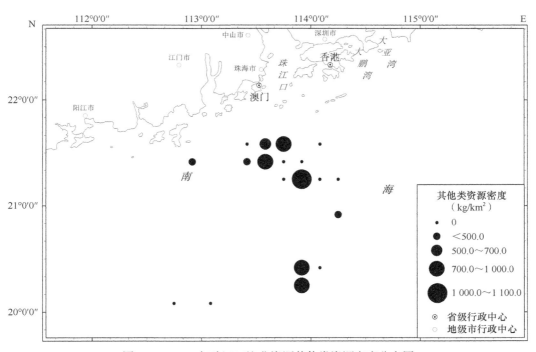

图 3-24　1976 年珠江口渔业资源其他类资源密度分布图

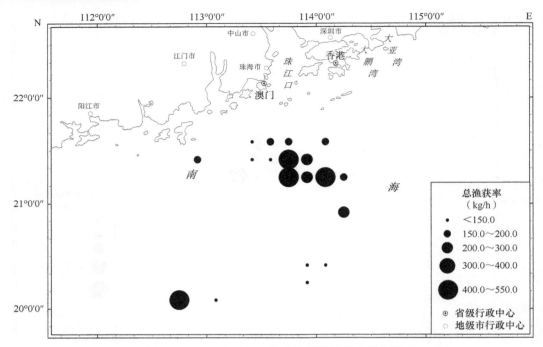

图 3-25　1976 年珠江口渔业资源总渔获率分布图

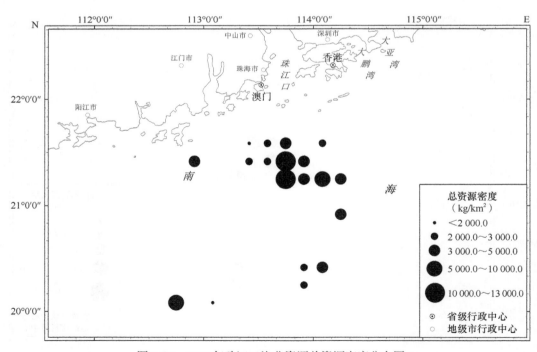

图 3-26　1976 年珠江口渔业资源总资源密度分布图

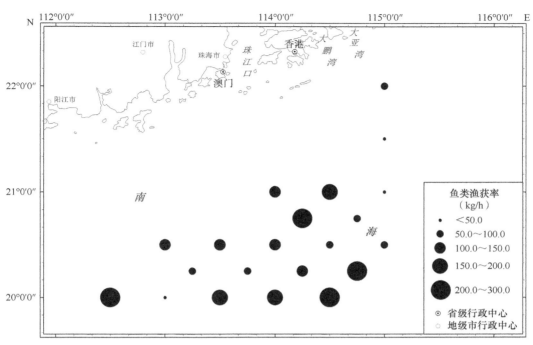

图 3-27　1978—1979 年珠江口鱼类渔获率分布图

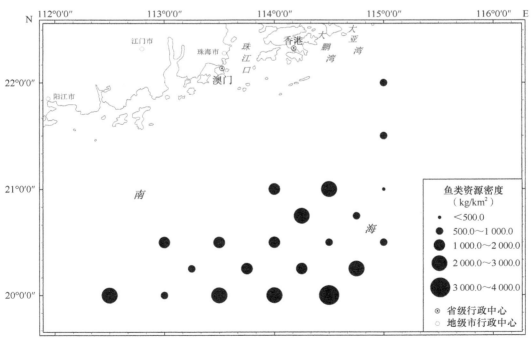

图 3-28　1978—1979 年珠江口鱼类资源密度分布图

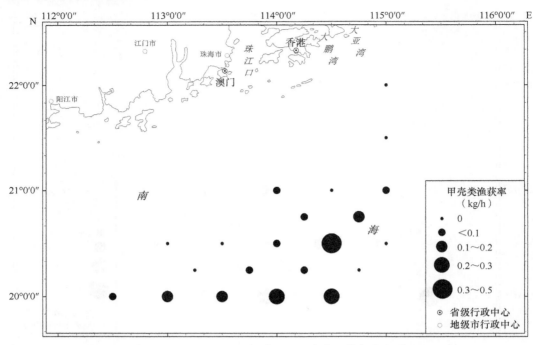

图 3-29　1978—1979 年珠江口甲壳类渔获率分布图

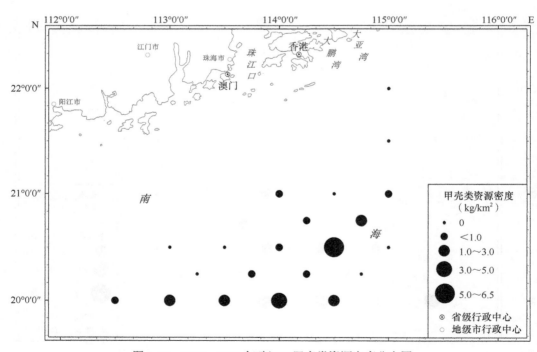

图 3-30　1978—1979 年珠江口甲壳类资源密度分布图

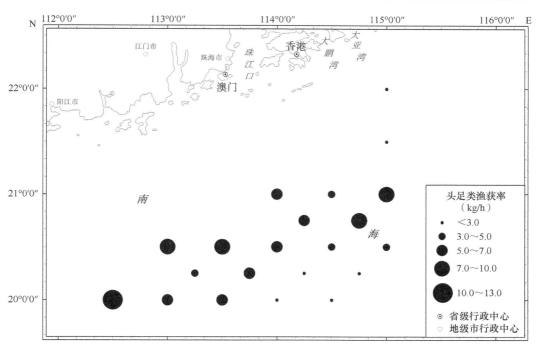

图 3-31 1978—1979 年珠江口头足类渔获率分布图

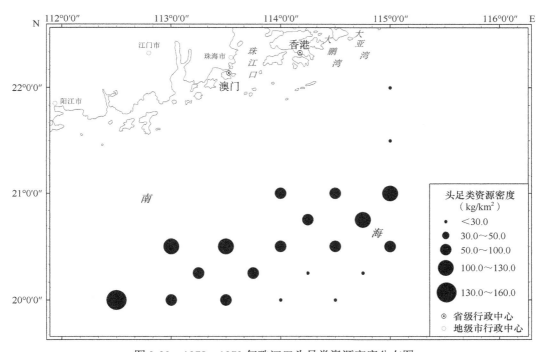

图 3-32 1978—1979 年珠江口头足类资源密度分布图

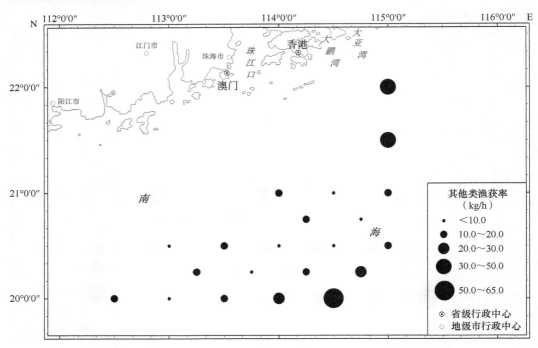

图 3-33　1978—1979 年珠江口渔业资源其他类渔获率分布图

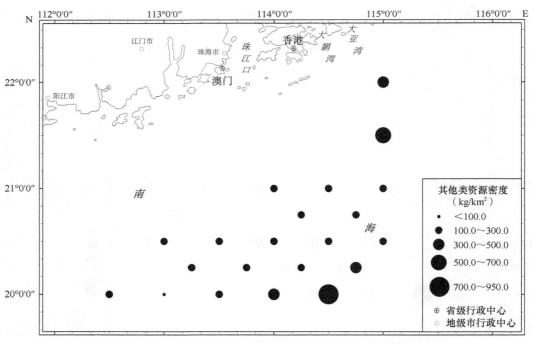

图 3-34　1978—1979 年珠江口渔业资源其他类资源密度分布图

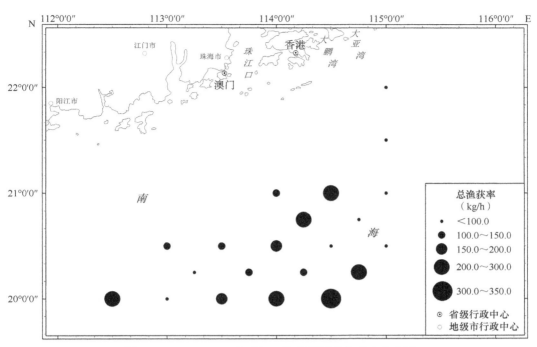

图 3-35　1978—1979 年珠江口渔业资源总渔获率分布图

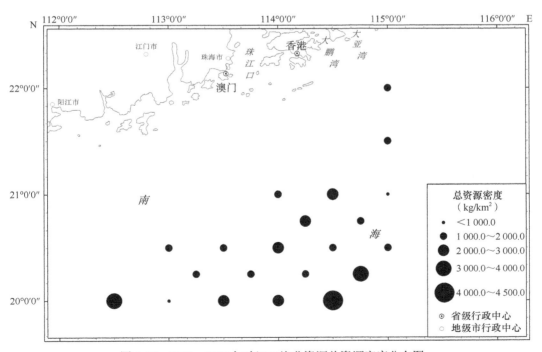

图 3-36　1978—1979 年珠江口渔业资源总资源密度分布图

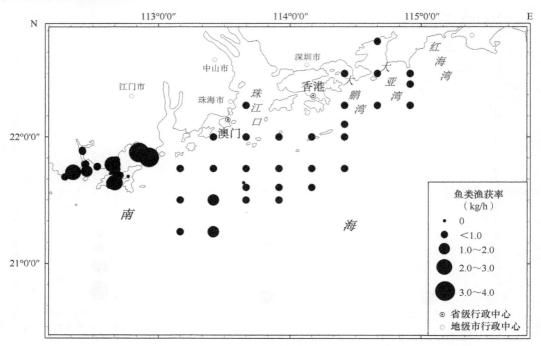

图 3-37　1979—1981 年珠江口鱼类渔获率分布图

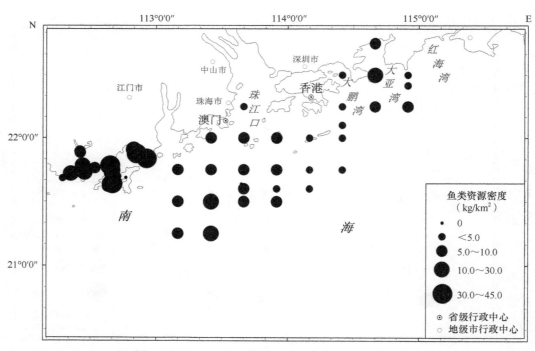

图 3-38　1979—1981 年珠江口鱼类资源密度分布图

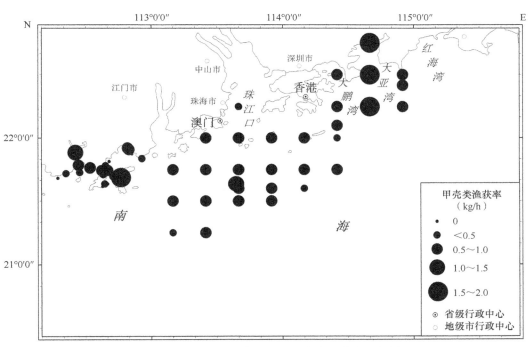

图 3-39　1979—1981 年珠江口甲壳类渔获率分布图

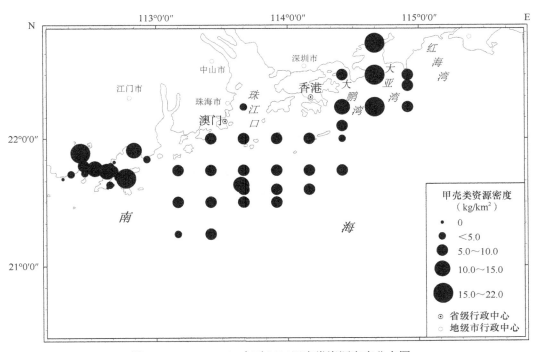

图 3-40　1979—1981 年珠江口甲壳类资源密度分布图

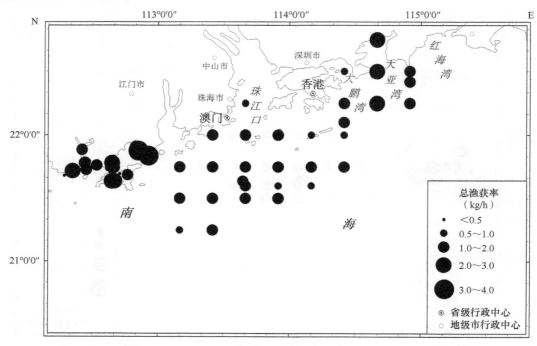

图 3-41　1979—1981 年珠江口渔业资源总渔获率分布图

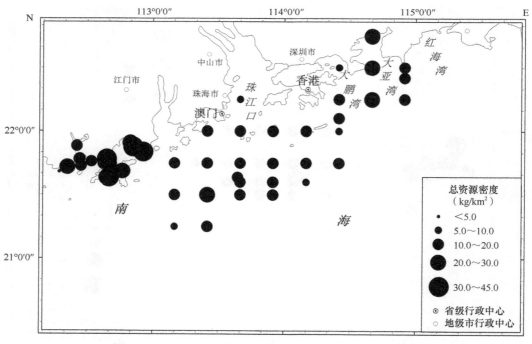

图 3-42　1979—1981 年珠江口渔业资源总资源密度分布图

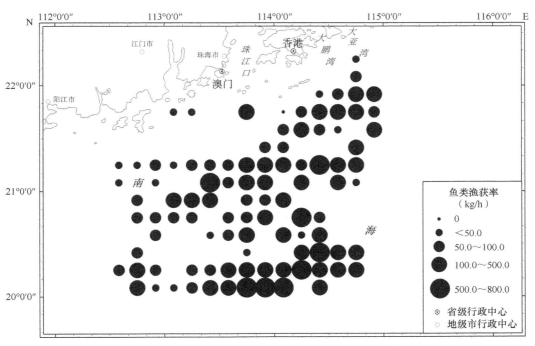

图 3-43　1983—1984 年珠江口鱼类渔获率分布图

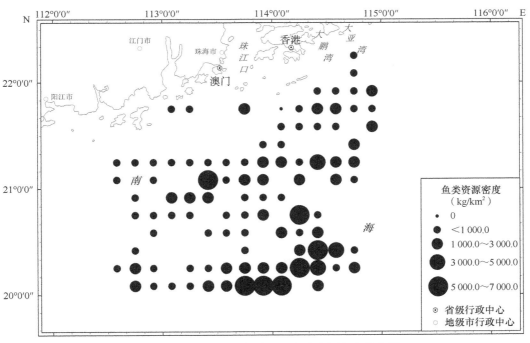

图 3-44　1983—1984 年珠江口鱼类资源密度分布图

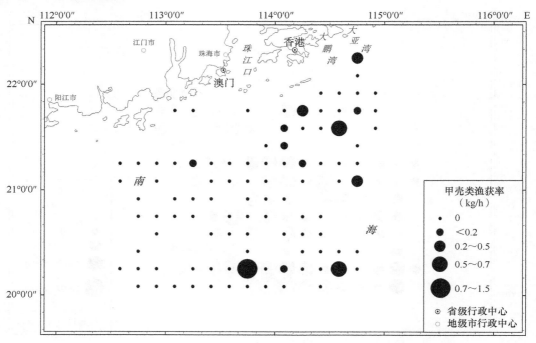

图 3-45   1983—1984 年珠江口甲壳类渔获率分布图

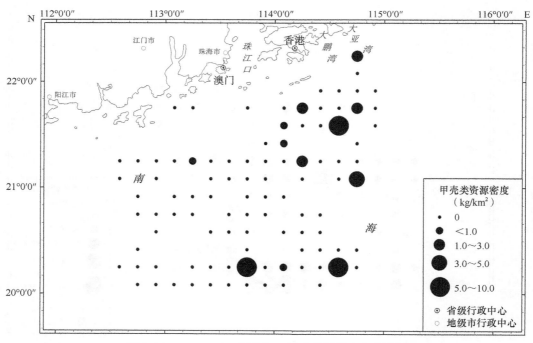

图 3-46   1983—1984 年珠江口甲壳类资源密度分布图

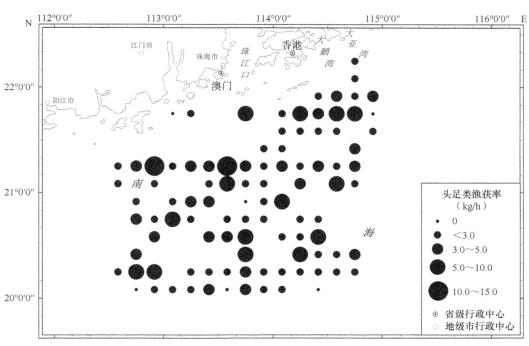

图 3-47　1983—1984 年珠江口头足类渔获率分布图

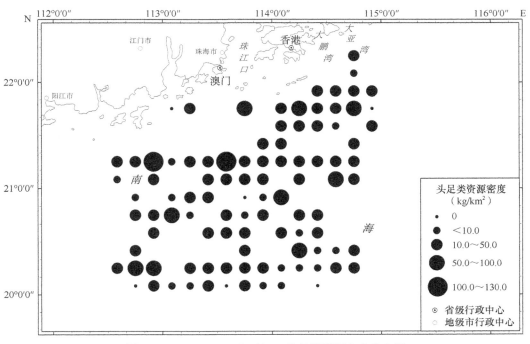

图 3-48　1983—1984 年珠江口头足类资源密度分布图

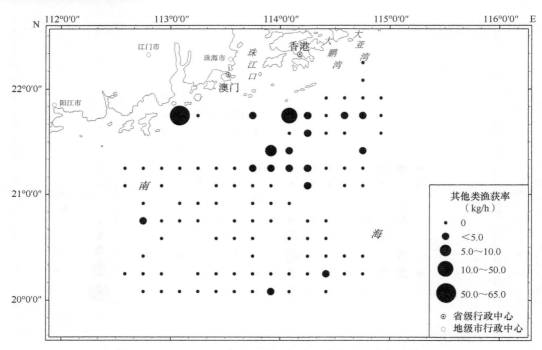

图 3-49 1983—1984 年珠江口渔业资源其他类渔获率分布图

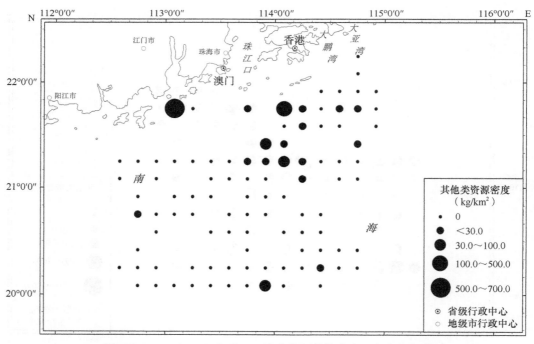

图 3-50 1983—1984 年珠江口渔业资源其他类资源密度分布图

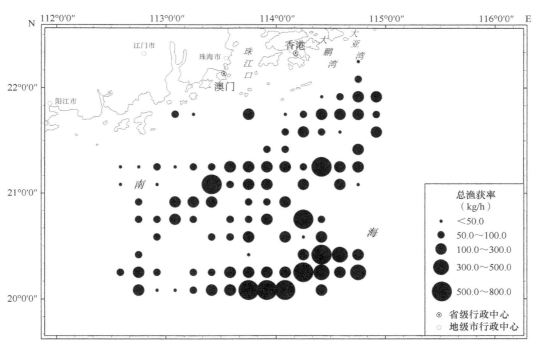

图 3-51　1983—1984 年珠江口渔业资源总渔获率分布图

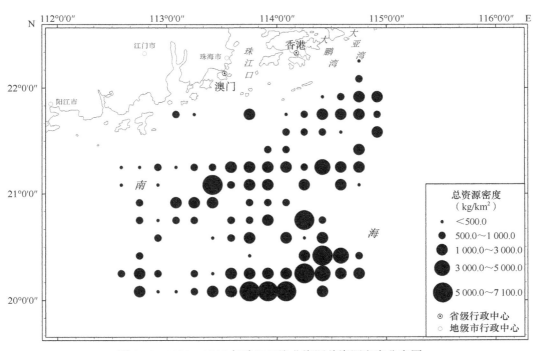

图 3-52　1983—1984 年珠江口渔业资源总资源密度分布图

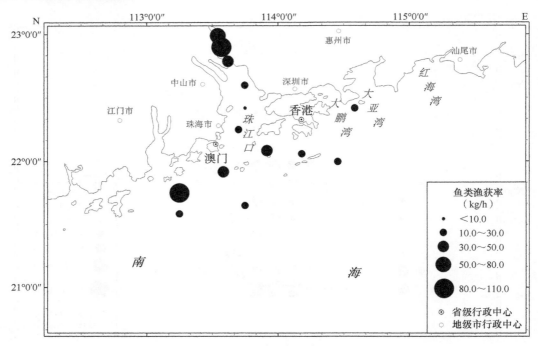

图 3-53　1985—1988 年珠江口鱼类渔获率分布图

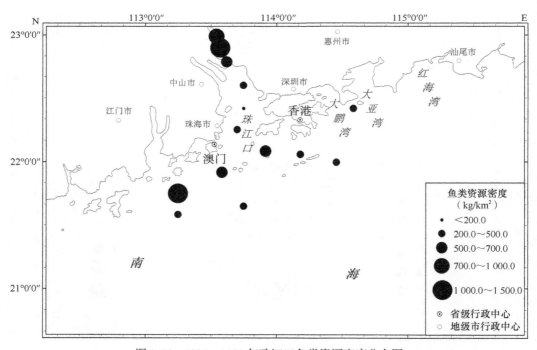

图 3-54　1985—1988 年珠江口鱼类资源密度分布图

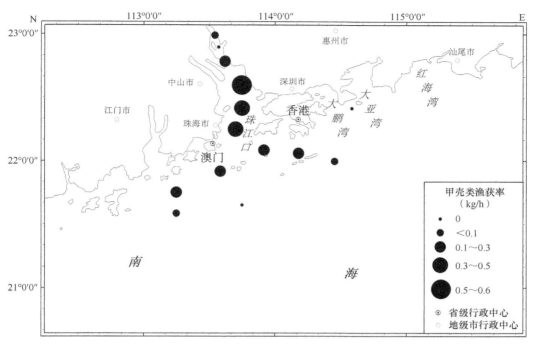

图 3-55　1985—1988 年珠江口甲壳类渔获率分布图

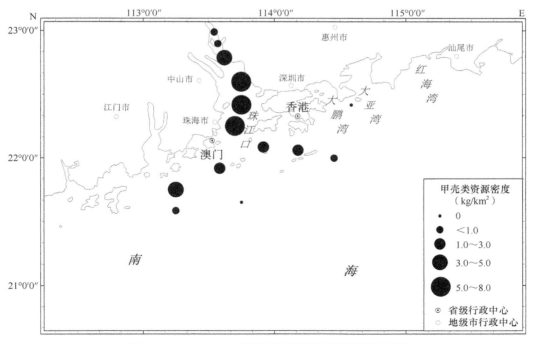

图 3-56　1985—1988 年珠江口甲壳类资源密度分布图

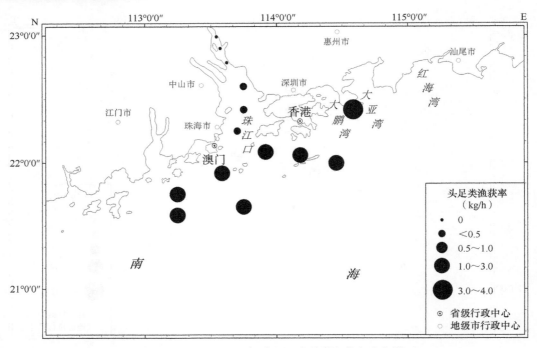

图 3-57　1985—1988 年珠江口头足类渔获率分布图

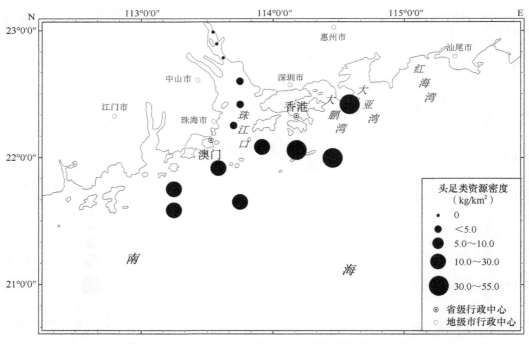

图 3-58　1985—1988 年珠江口头足类资源密度分布图

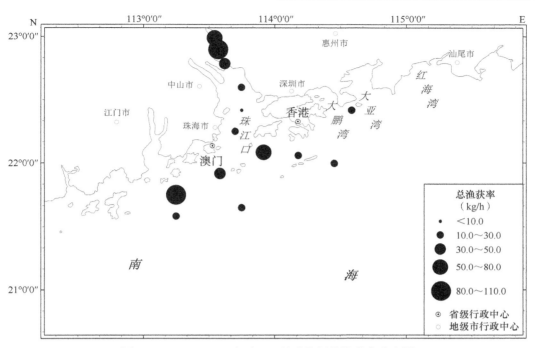

图 3-59 1985—1988 年珠江口渔业资源总渔获率分布图

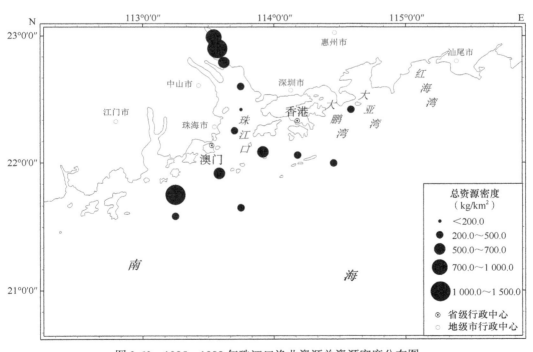

图 3-60 1985—1988 年珠江口渔业资源总资源密度分布图

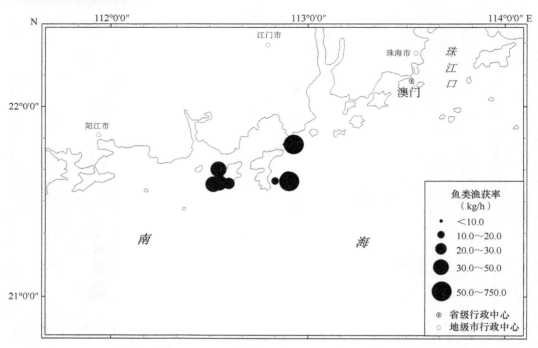

图 3-61　1991 年珠江口鱼类渔获率分布图

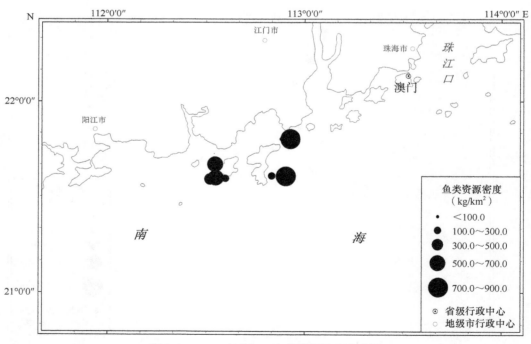

图 3-62　1991 年珠江口鱼类资源密度分布图

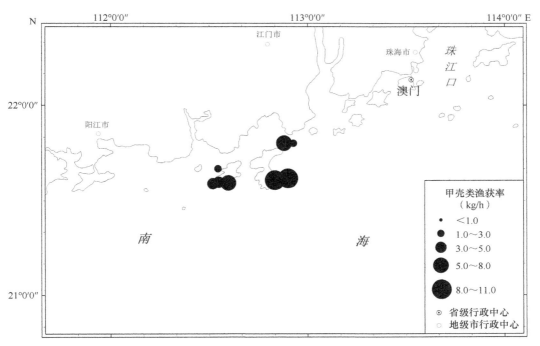

图 3-63 1991 年珠江口甲壳类渔获率分布图

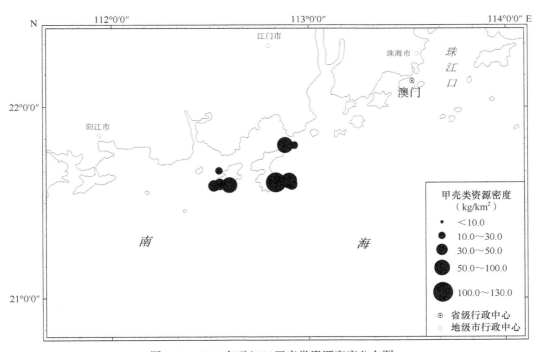

图 3-64 1991 年珠江口甲壳类资源密度分布图

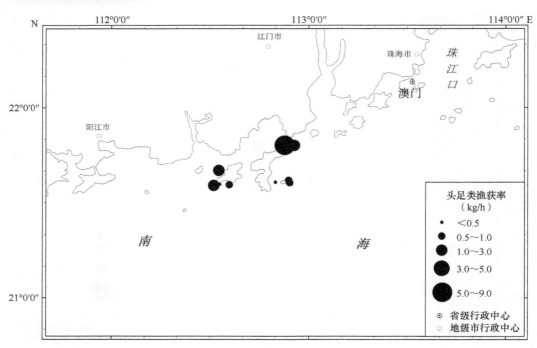

图 3-65　1991 年珠江口头足类渔获率分布图

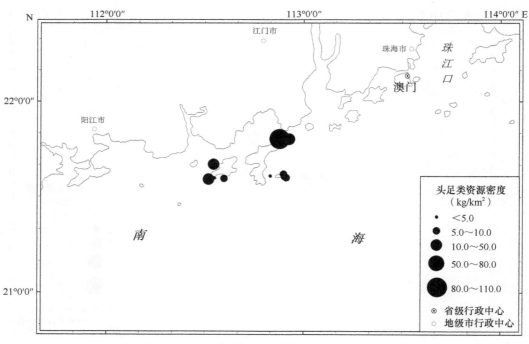

图 3-66　1991 年珠江口头足类资源密度分布图

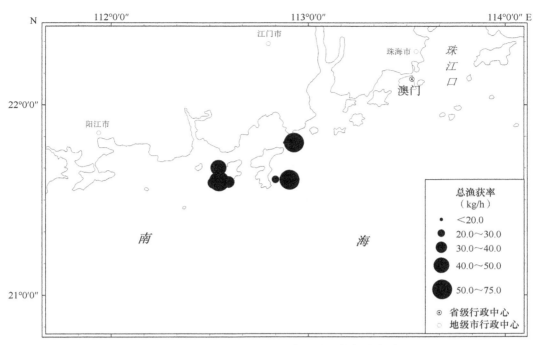

图 3-67　1991 年珠江口渔业资源总渔获率分布图

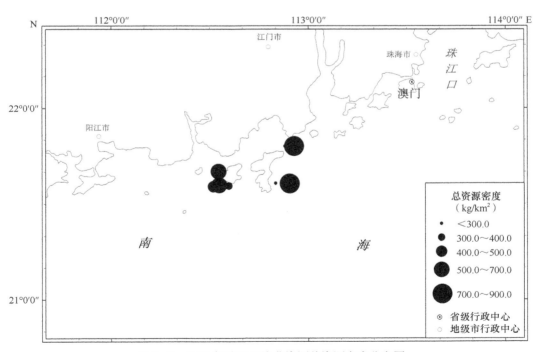

图 3-68　1991 年珠江口渔业资源总资源密度分布图

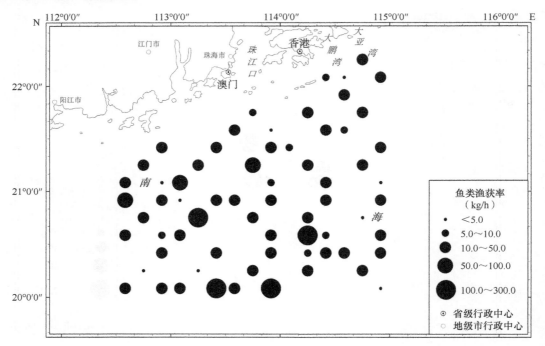

图 3-69　1997 年珠江口鱼类渔获率分布图

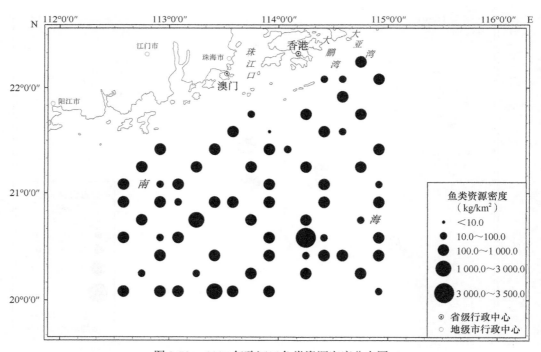

图 3-70　1997 年珠江口鱼类资源密度分布图

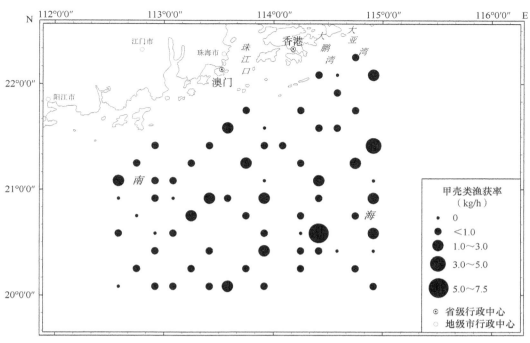

图 3-71　1997 年珠江口甲壳类渔获率分布图

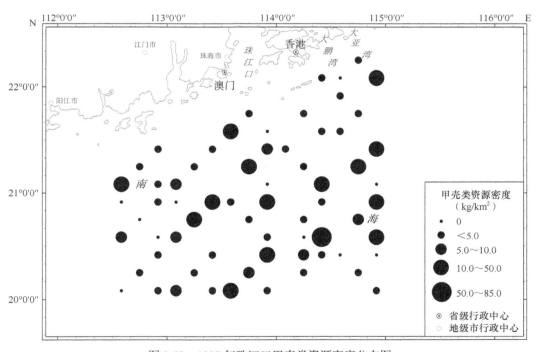

图 3-72　1997 年珠江口甲壳类资源密度分布图

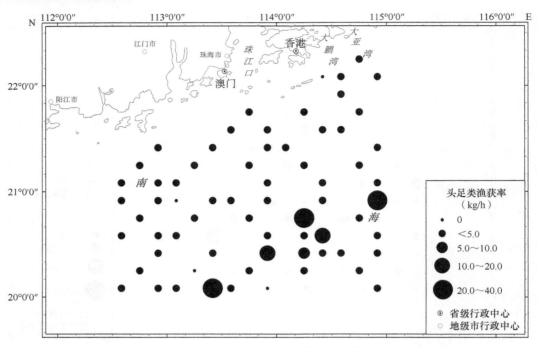

图 3-73   1997 年珠江口头足类渔获率分布图

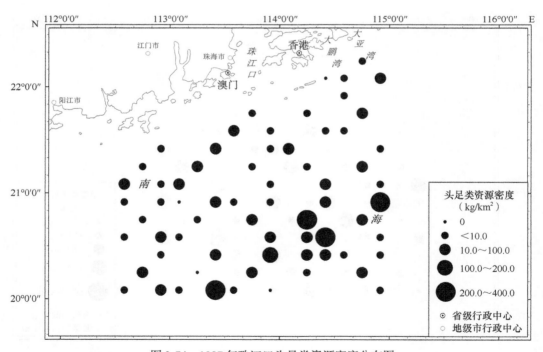

图 3-74   1997 年珠江口头足类资源密度分布图

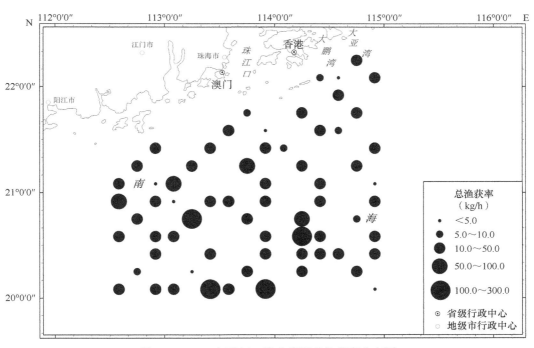

图 3-75　1997 年珠江口渔业资源总渔获率分布图

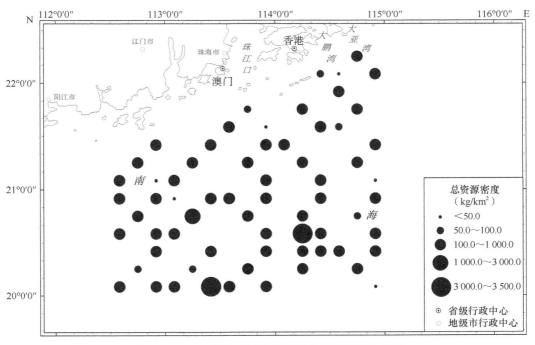

图 3-76　1997 年珠江口渔业资源总资源密度分布图

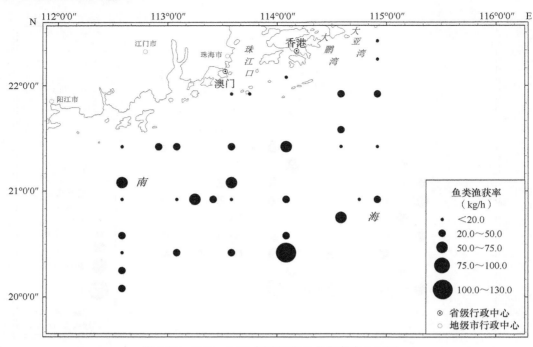

图 3-77　2000—2002 年珠江口鱼类渔获率分布图

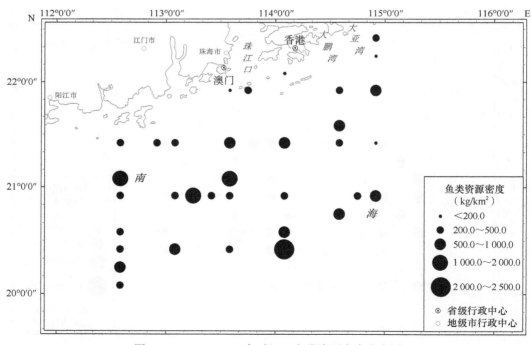

图 3-78　2000—2002 年珠江口鱼类资源密度分布图

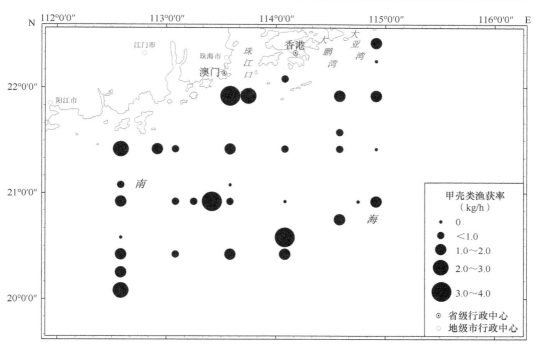

图 3-79 2000—2002 年珠江口甲壳类渔获率分布图

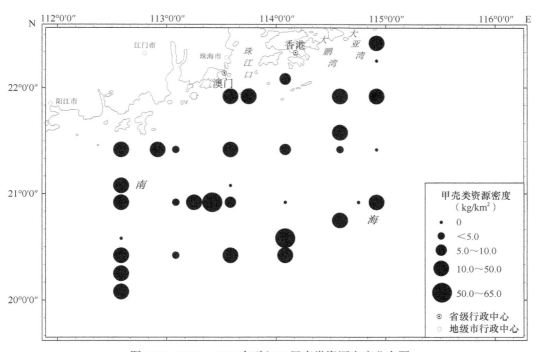

图 3-80 2000—2002 年珠江口甲壳类资源密度分布图

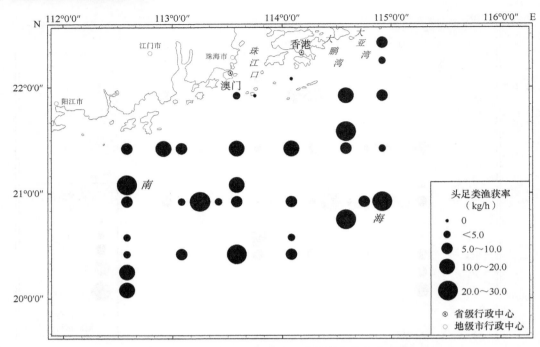

图 3-81　2000—2002 年珠江口头足类渔获率分布图

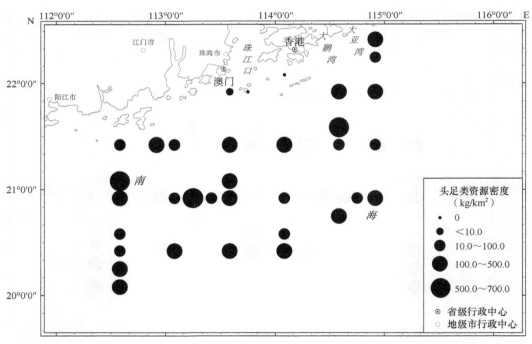

图 3-82　2000—2002 年珠江口头足类资源密度分布图

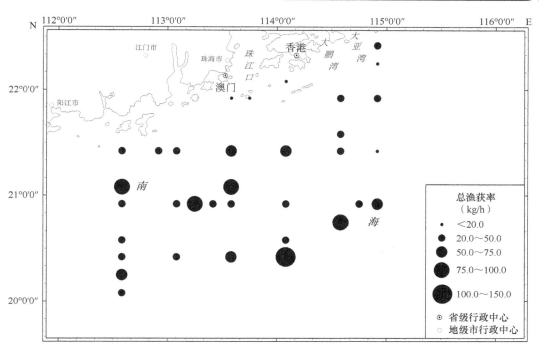

图 3-83　2000—2002 年珠江口渔业资源总渔获率分布图

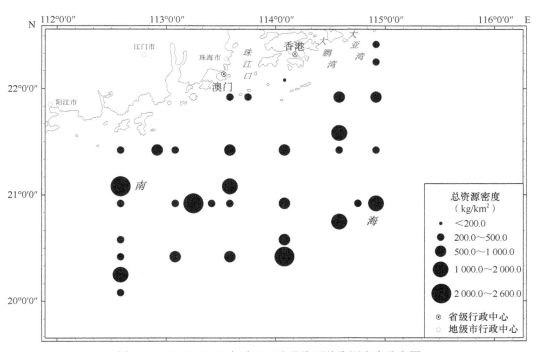

图 3-84　2000—2002 年珠江口渔业资源总资源密度分布图

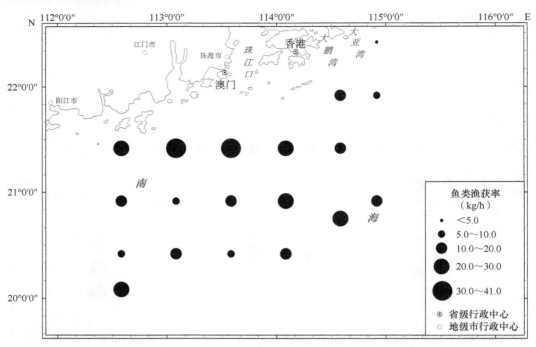

图 3-85　2002 年珠江口鱼类渔获率分布图

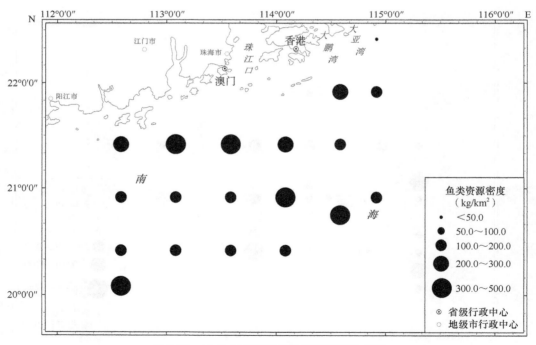

图 3-86　2002 年珠江口鱼类资源密度分布图

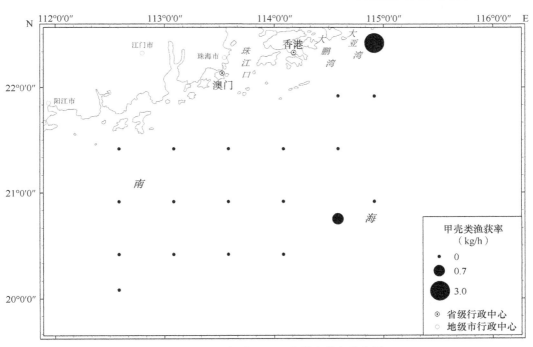

图 3-87 2002 年珠江口甲壳类渔获率分布图

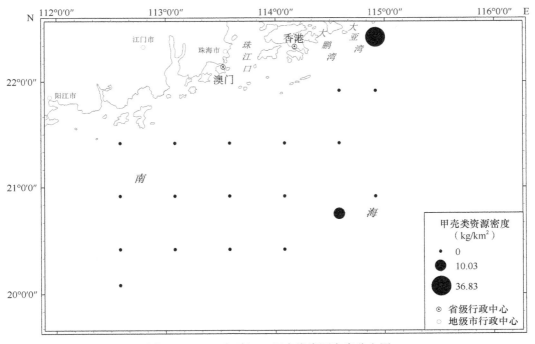

图 3-88 2002 年珠江口甲壳类资源密度分布图

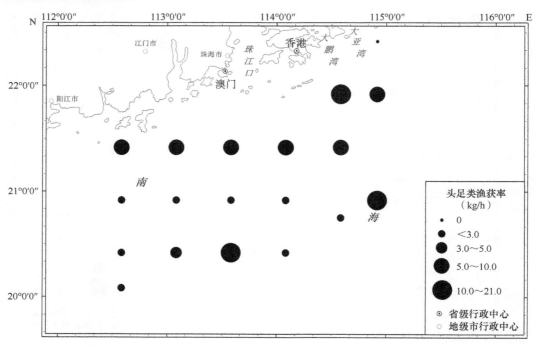

图 3-89　2002 年珠江口头足类渔获率分布图

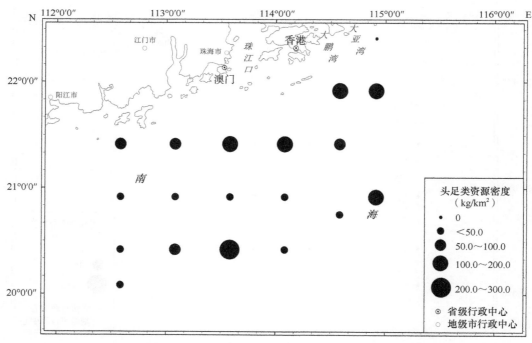

图 3-90　2002 年珠江口头足类资源密度分布图

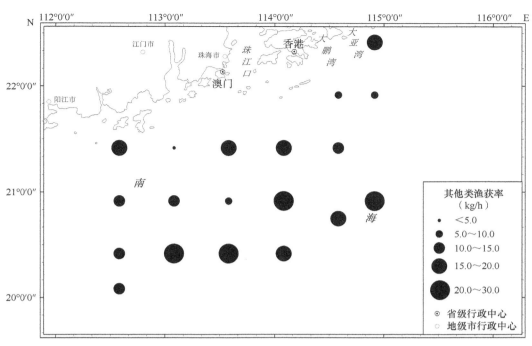

图 3-91 2002 年珠江口渔业资源其他类渔获率分布图

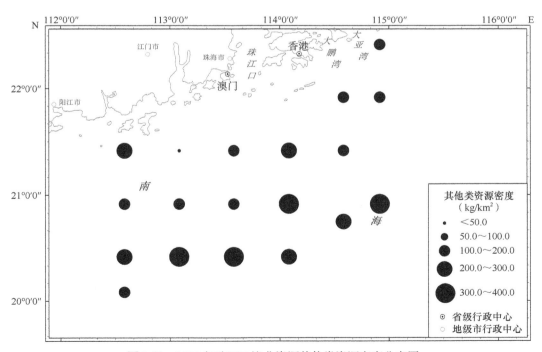

图 3-92 2002 年珠江口渔业资源其他类资源密度分布图

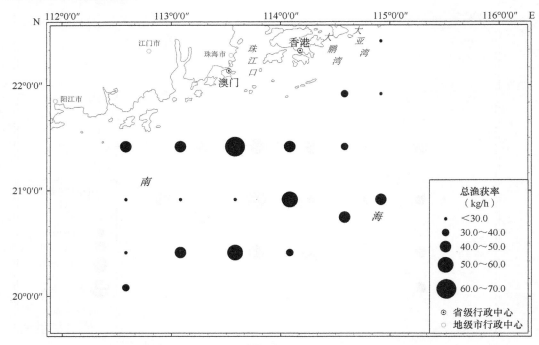

图 3-93　2002 年珠江口渔业资源总渔获率分布图

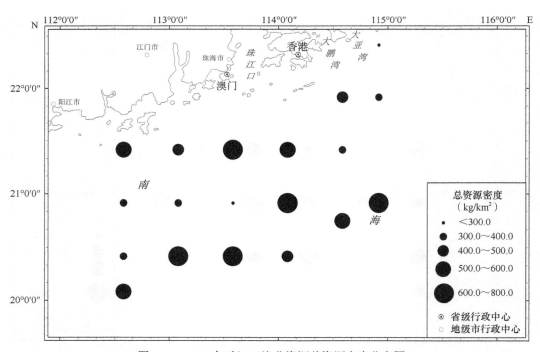

图 3-94　2002 年珠江口渔业资源总资源密度分布图

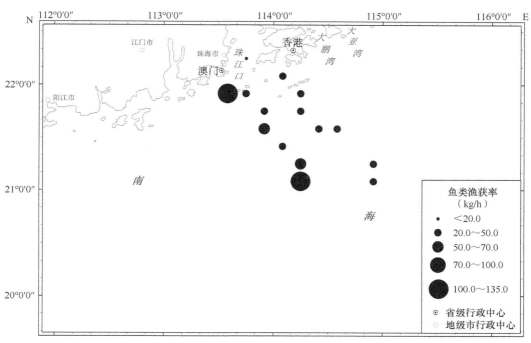

图 3-95　2006 年 8 月—2007 年 11 月珠江口鱼类渔获率分布图

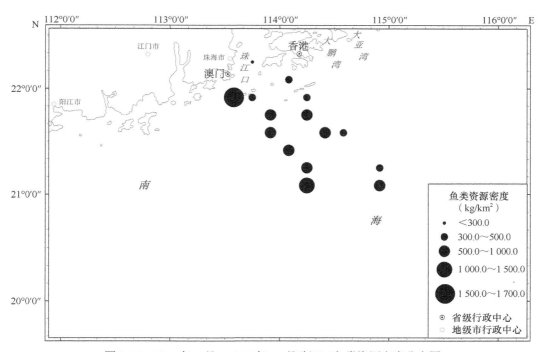

图 3-96　2006 年 8 月—2007 年 11 月珠江口鱼类资源密度分布图

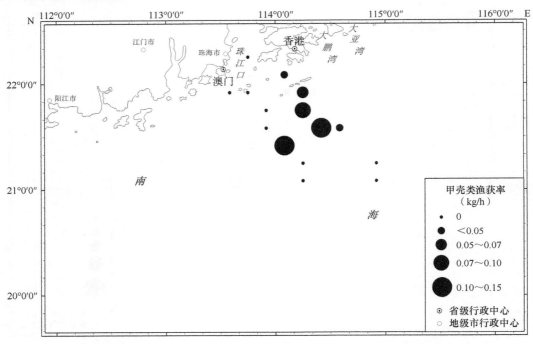

图 3-97　2006 年 8 月—2007 年 11 月珠江口甲壳类渔获率分布图

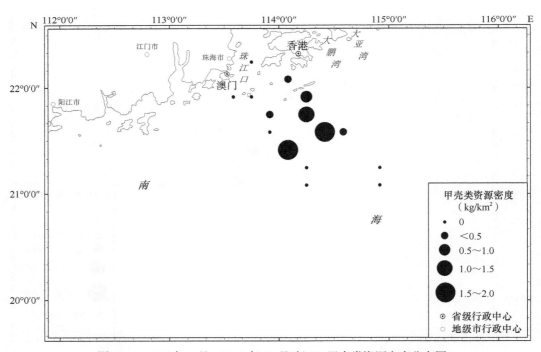

图 3-98　2006 年 8 月—2007 年 11 月珠江口甲壳类资源密度分布图

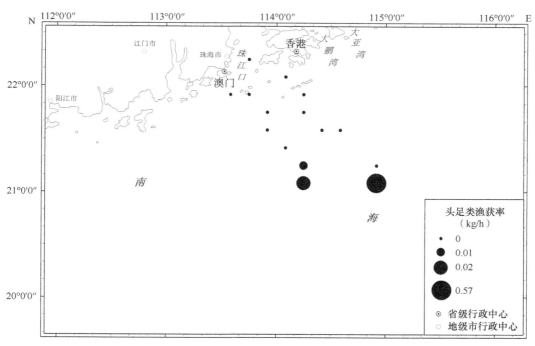

图 3-99 2006 年 8 月—2007 年 11 月珠江口头足类渔获率分布图

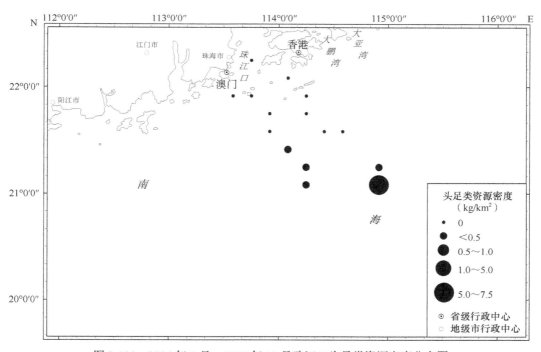

图 3-100 2006 年 8 月—2007 年 11 月珠江口头足类资源密度分布图

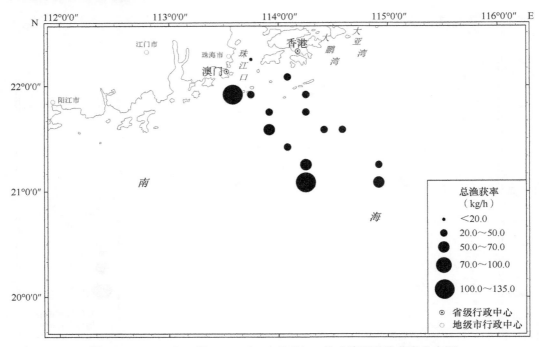

图 3-101　2006 年 8 月—2007 年 11 月珠江口渔业资源总渔获率分布图

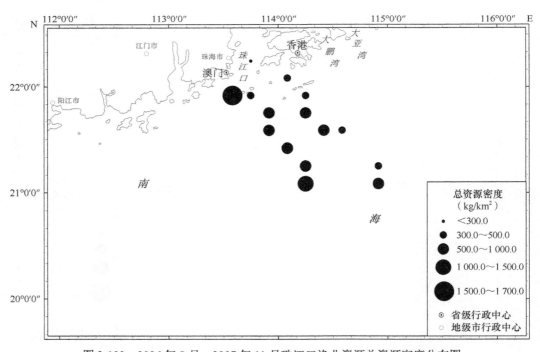

图 3-102　2006 年 8 月—2007 年 11 月珠江口渔业资源总资源密度分布图

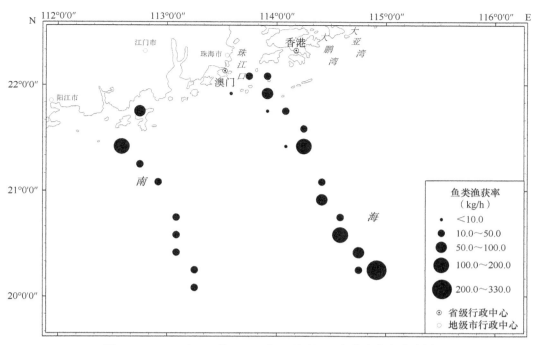

图 3-103　2006 年 10 月—2007 年 8 月珠江口鱼类渔获率分布图

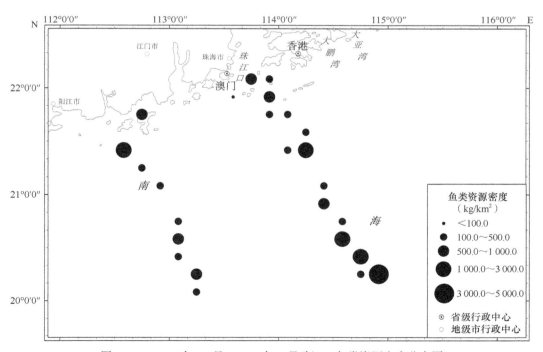

图 3-104　2006 年 10 月—2007 年 8 月珠江口鱼类资源密度分布图

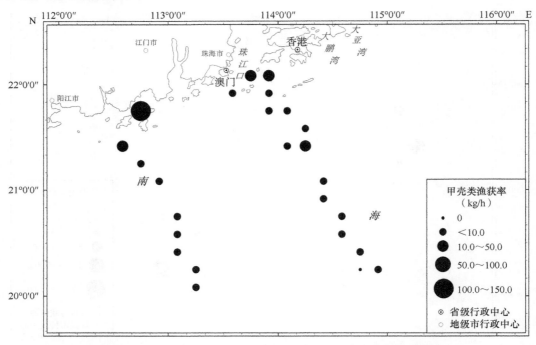

图 3-105　2006 年 10 月—2007 年 8 月珠江口甲壳类渔获率分布图

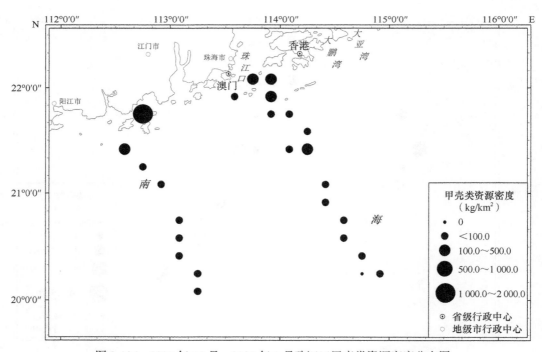

图 3-106　2006 年 10 月—2007 年 8 月珠江口甲壳类资源密度分布图

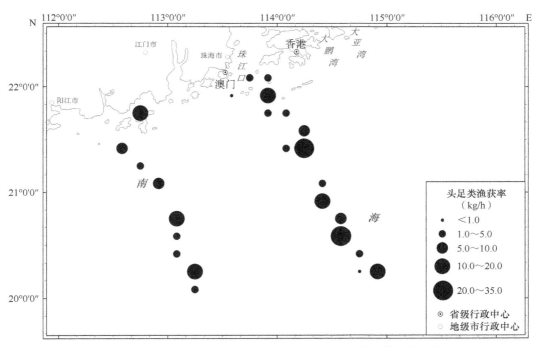

图 3-107　2006 年 10 月—2007 年 8 月珠江口头足类渔获率分布图

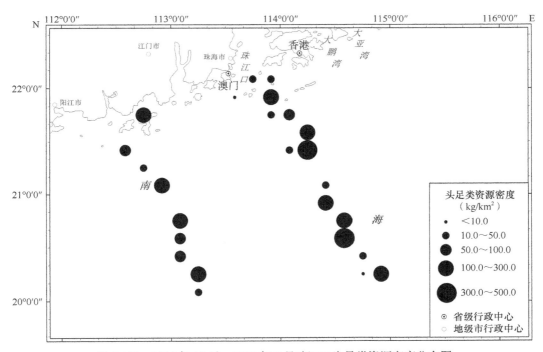

图 3-108　2006 年 10 月—2007 年 8 月珠江口头足类资源密度分布图

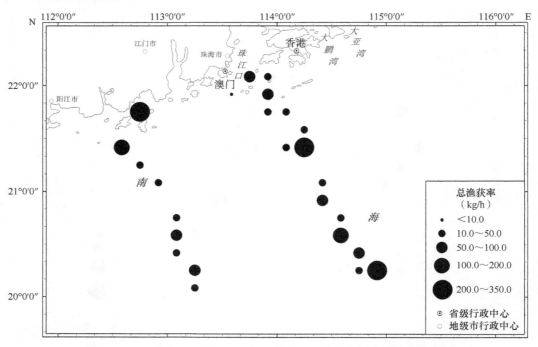

图 3-109　2006 年 10 月—2007 年 8 月珠江口渔业资源总渔获率分布图

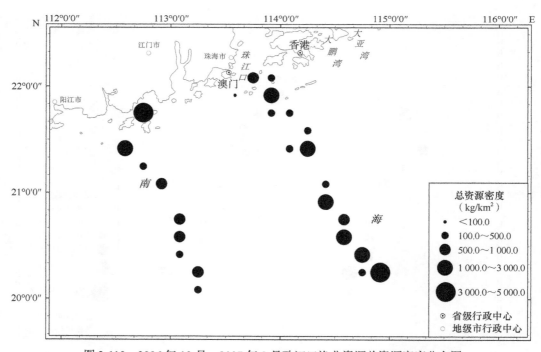

图 3-110　2006 年 10 月—2007 年 8 月珠江口渔业资源总资源密度分布图

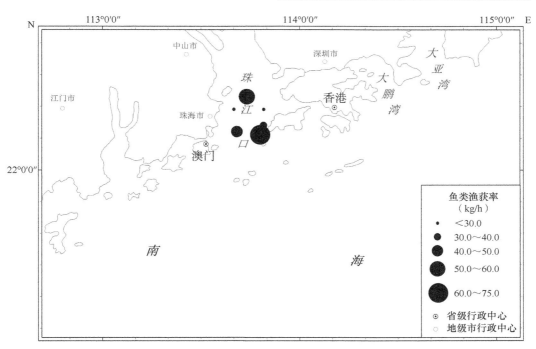

图 3-111　2015—2016 年珠江口鱼类渔获率分布图

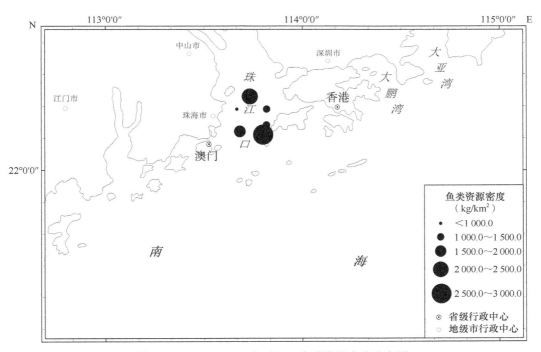

图 3-112　2015—2016 年珠江口鱼类资源密度分布图

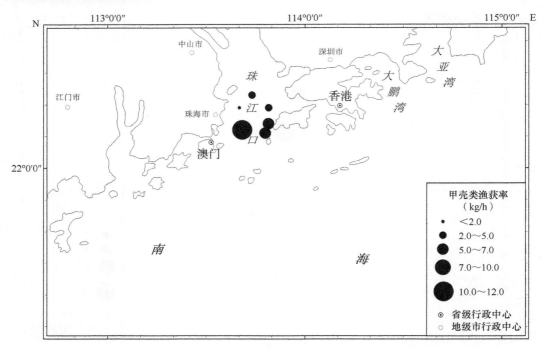

图 3-113　2015—2016 年珠江口甲壳类渔获率分布图

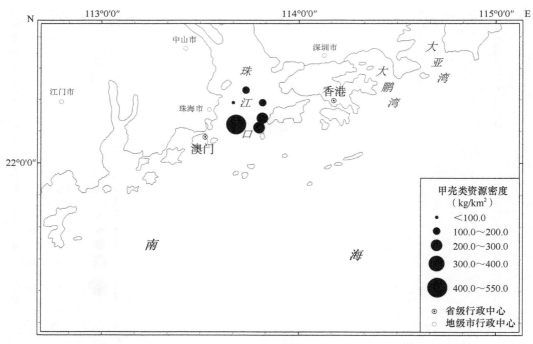

图 3-114　2015—2016 年珠江口甲壳类资源密度分布图

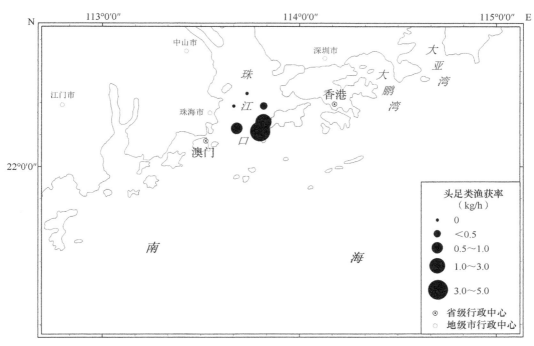

图 3-115　2015—2016 年珠江口头足类渔获率分布图

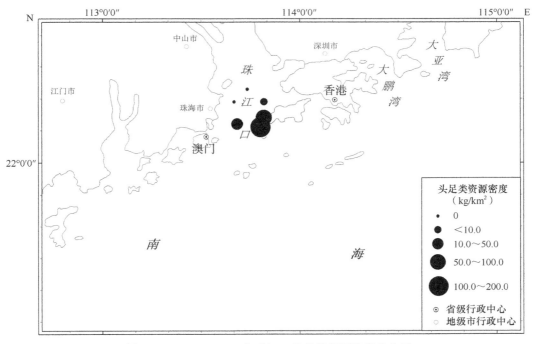

图 3-116　2015—2016 年珠江口头足类资源密度分布图

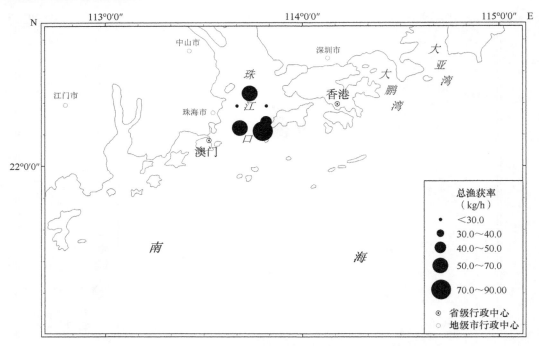

图 3-117　2015—2016 年珠江口渔业资源总渔获率分布图

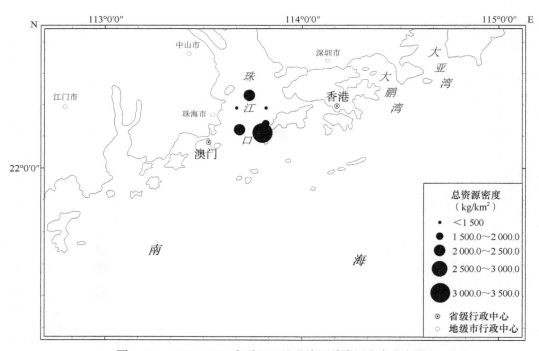

图 3-118　2015—2016 年珠江口渔业资源总资源密度分布图

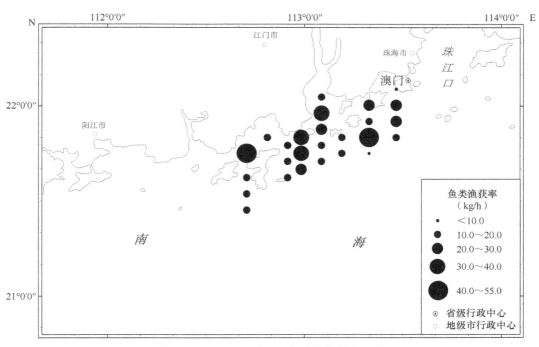

图 3-119　2016 年珠江口鱼类渔获率分布图

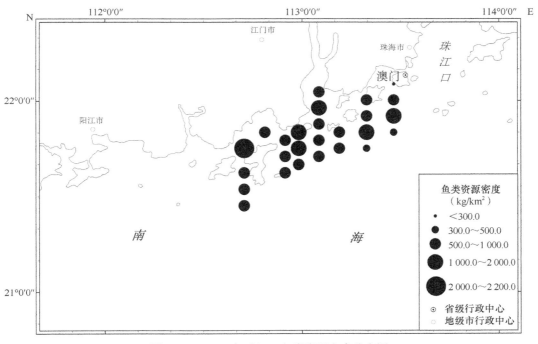

图 3-120　2016 年珠江口鱼类资源密度分布图

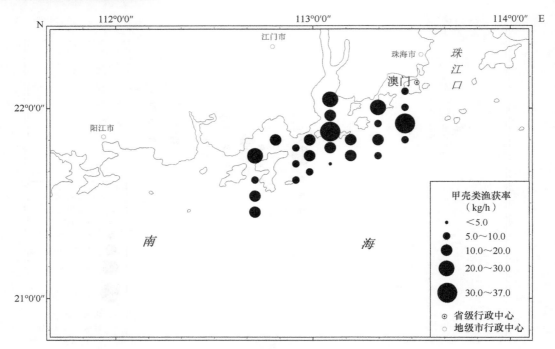

图 3-121　2016 年珠江口甲壳类渔获率分布图

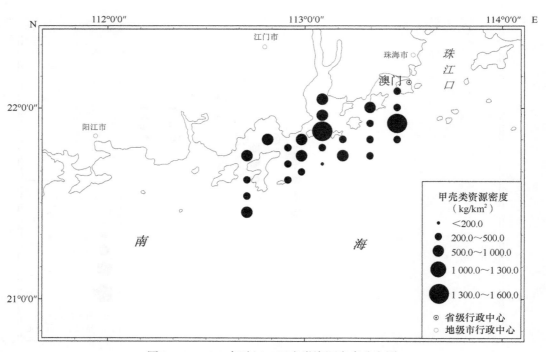

图 3-122　2016 年珠江口甲壳类资源密度分布图

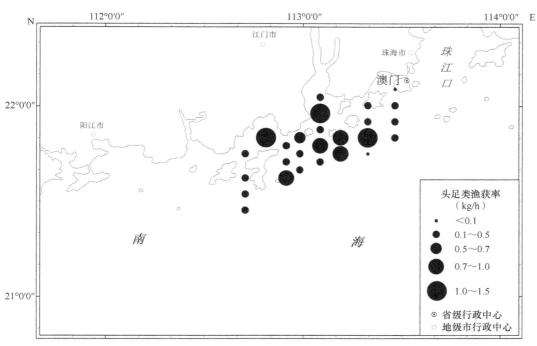

图 3-123 2016 年珠江口头足类渔获率分布图

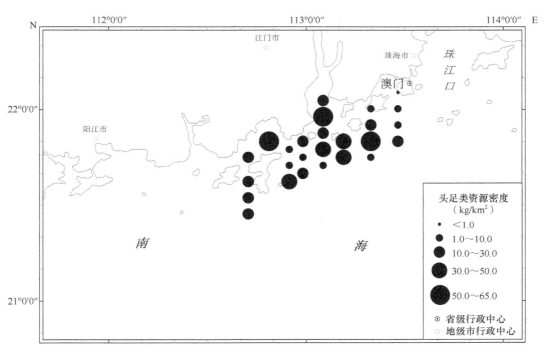

图 3-124 2016 年珠江口头足类资源密度分布图

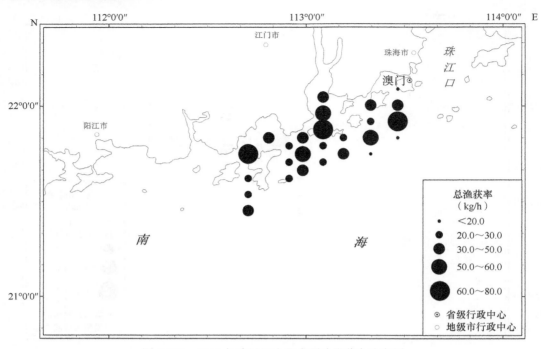

图 3-125   2016 年珠江口渔业资源总渔获率分布图

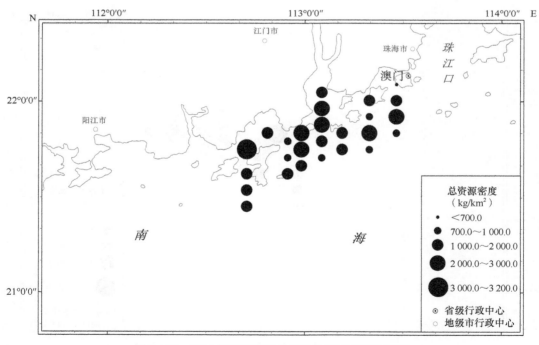

图 3-126   2016 年珠江口渔业资源总资源密度分布图

第四章 南海诸岛渔业资源图集
（1986—2003）

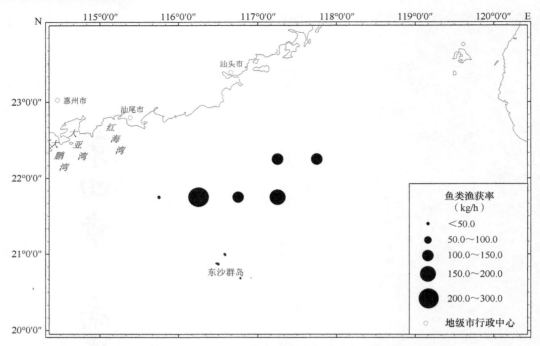

图 4-1　1986 年东沙群岛北部海域鱼类渔获率分布图

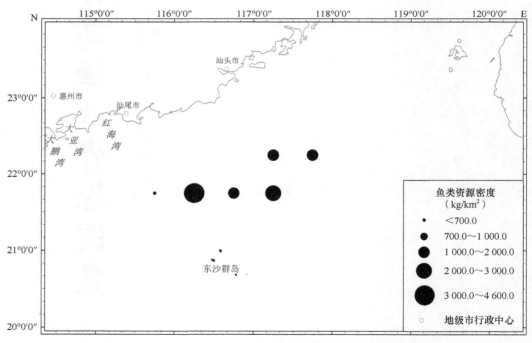

图 4-2　1986 年东沙群岛北部海域鱼类资源密度分布图

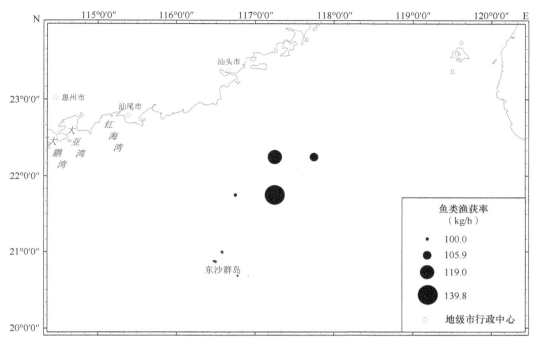

图 4-3 1987 年东沙群岛北部海域鱼类渔获率分布图

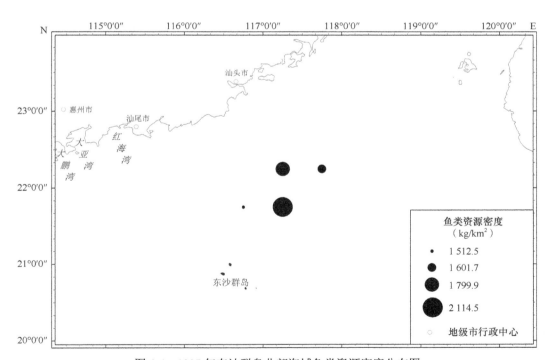

图 4-4 1987 年东沙群岛北部海域鱼类资源密度分布图

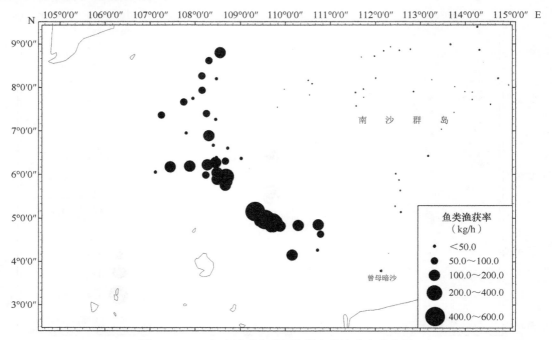

图 4-5　1990 年南沙群岛附近海域鱼类渔获率分布图

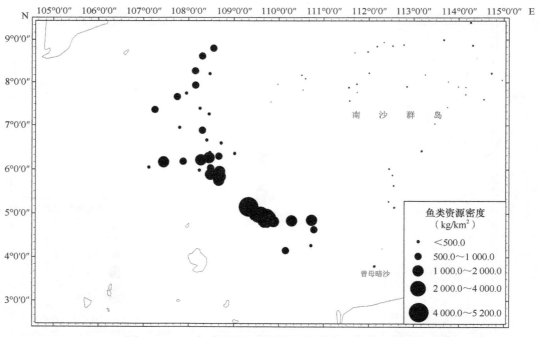

图 4-6　1990 年南沙群岛附近海域鱼类资源密度分布图

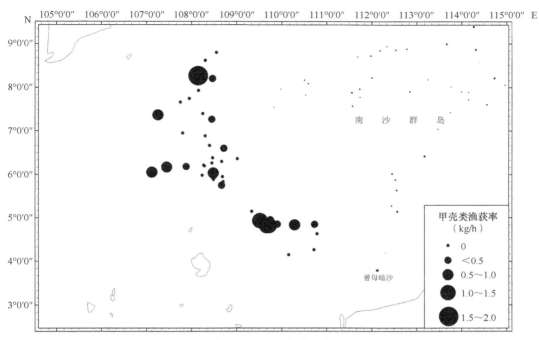

图 4-7 1990 年南沙群岛附近海域甲壳类渔获率分布图

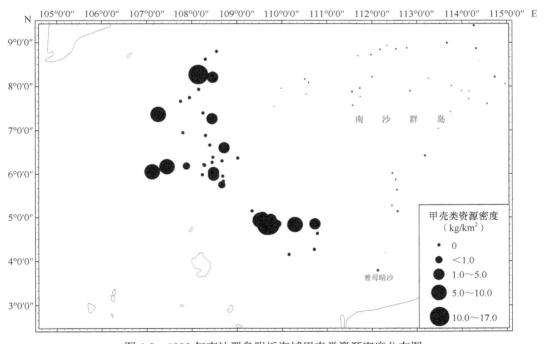

图 4-8 1990 年南沙群岛附近海域甲壳类资源密度分布图

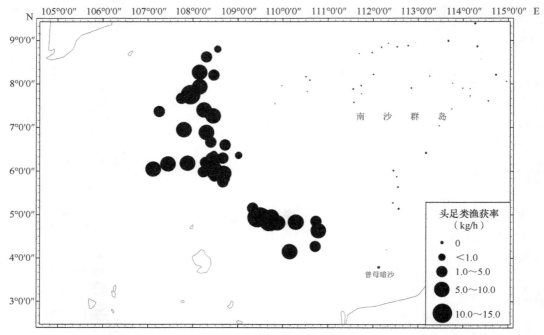

图 4-9　1990 年南沙群岛附近海域头足类渔获率分布图

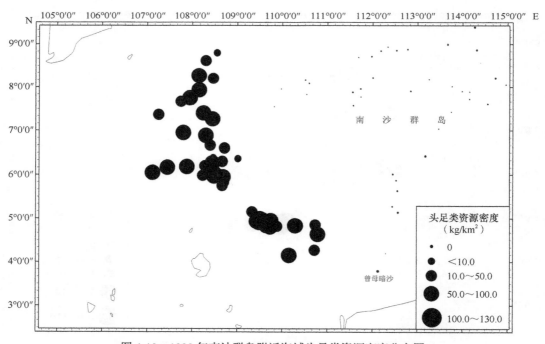

图 4-10　1990 年南沙群岛附近海域头足类资源密度分布图

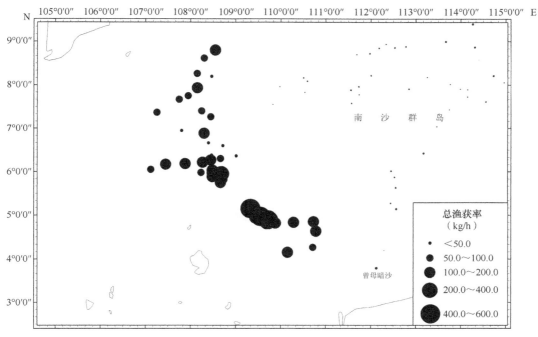

图 4-11　1990 年南沙群岛附近海域渔业资源总渔获率分布图

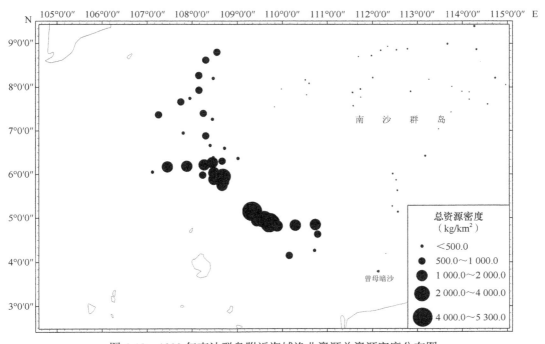

图 4-12　1990 年南沙群岛附近海域渔业资源总资源密度分布图

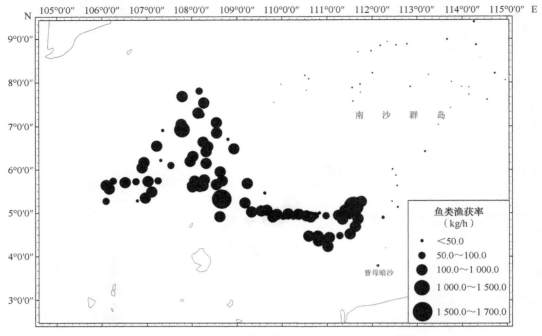

图 4-13　1992 年南沙群岛附近海域鱼类渔获率分布图

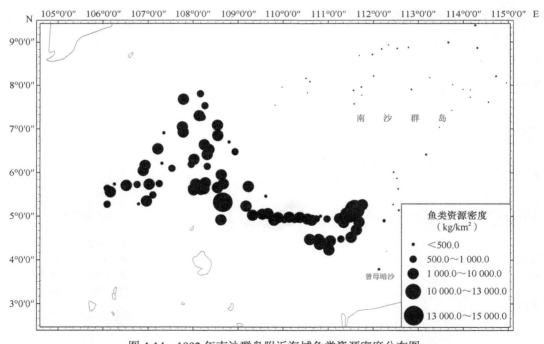

图 4-14　1992 年南沙群岛附近海域鱼类资源密度分布图

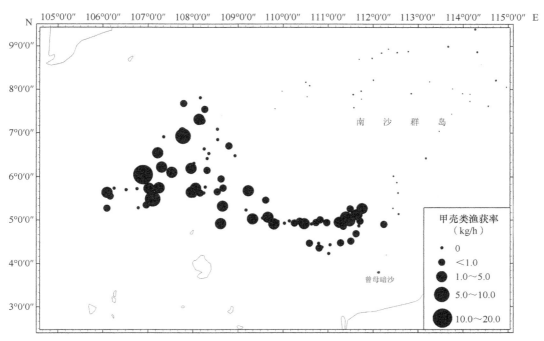

图 4-15 1992 年南沙群岛附近海域甲壳类渔获率分布图

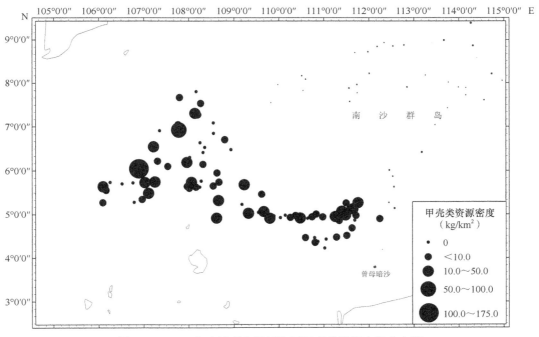

图 4-16 1992 年南沙群岛附近海域甲壳类资源密度分布图

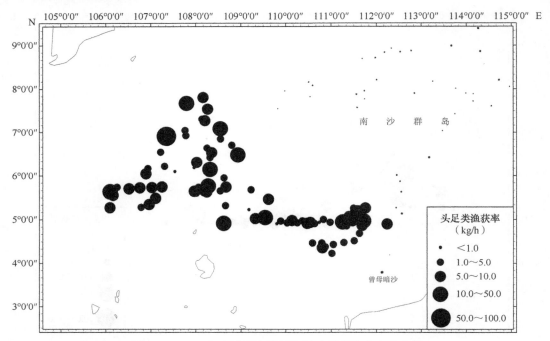

图 4-17　1992 年南沙群岛附近海域头足类渔获率分布图

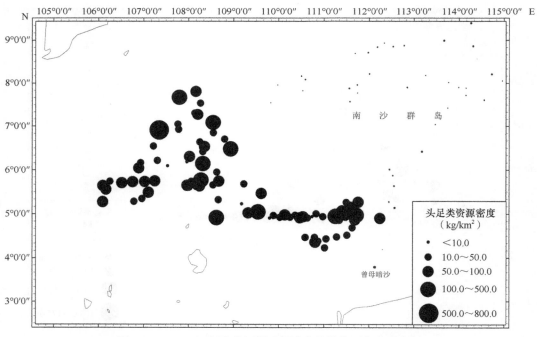

图 4-18　1992 年南沙群岛附近海域头足类资源密度分布图

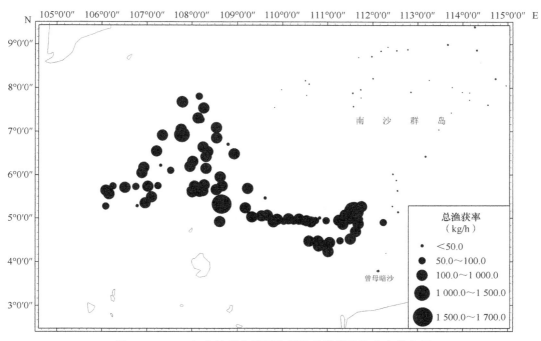

图 4-19　1992 年南沙群岛附近海域渔业资源总渔获率分布图

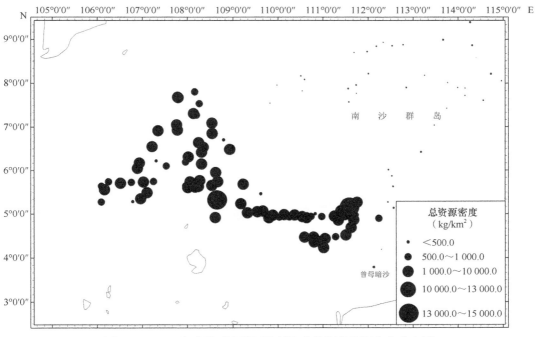

图 4-20　1992 年南沙群岛附近海域渔业资源总资源密度分布图

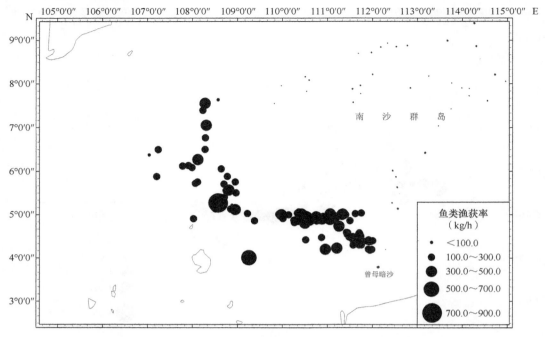

图 4-21　1993 年南沙群岛附近海域鱼类渔获率分布图

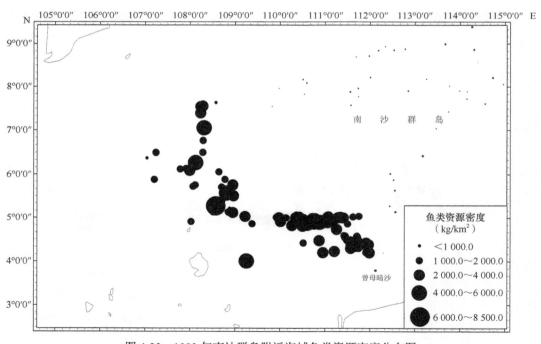

图 4-22　1993 年南沙群岛附近海域鱼类资源密度分布图

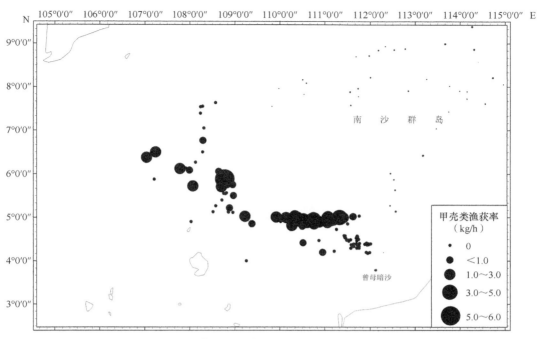

图 4-23　1993 年南沙群岛附近海域甲壳类渔获率分布图

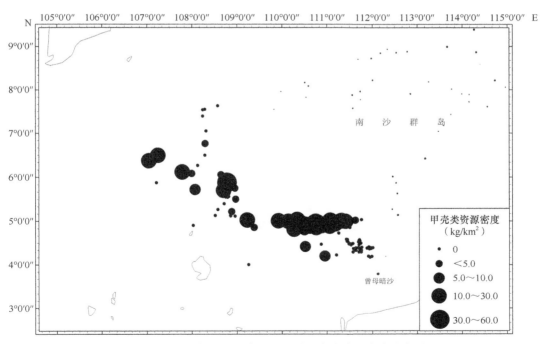

图 4-24　1993 年南沙群岛附近海域甲壳类资源密度分布图

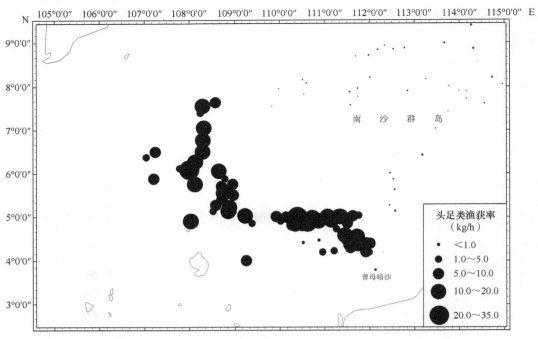

图 4-25　1993 年南沙群岛附近海域头足类渔获率分布图

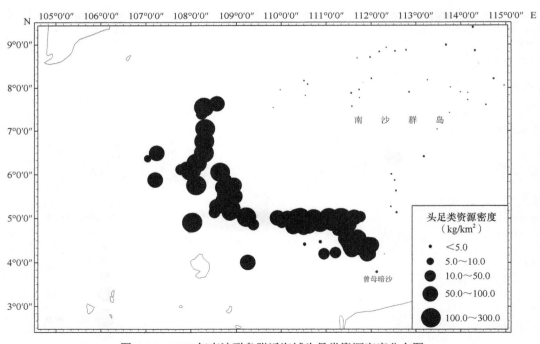

图 4-26　1993 年南沙群岛附近海域头足类资源密度分布图

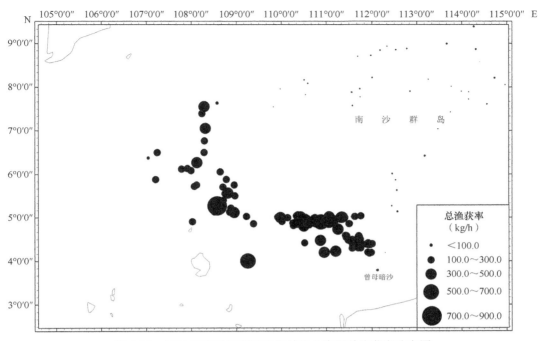

图 4-27　1993 年南沙群岛附近海域渔业资源总渔获率分布图

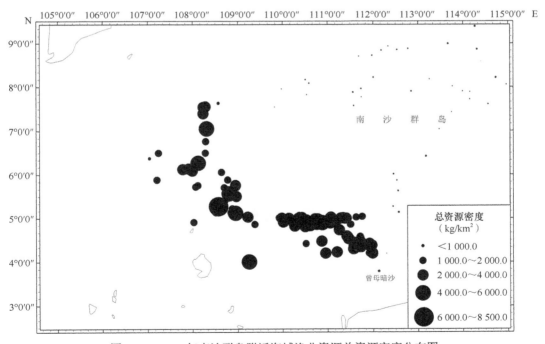

图 4-28　1993 年南沙群岛附近海域渔业资源总资源密度分布图

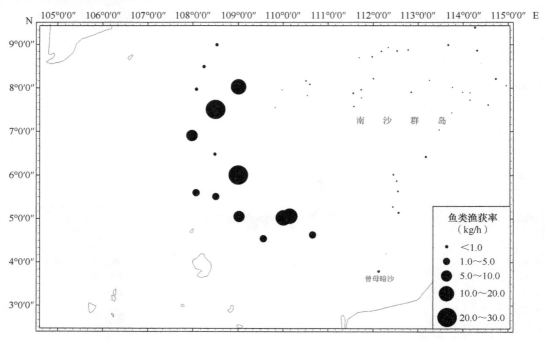

图 4-29　2000 年南沙群岛附近海域鱼类渔获率分布图

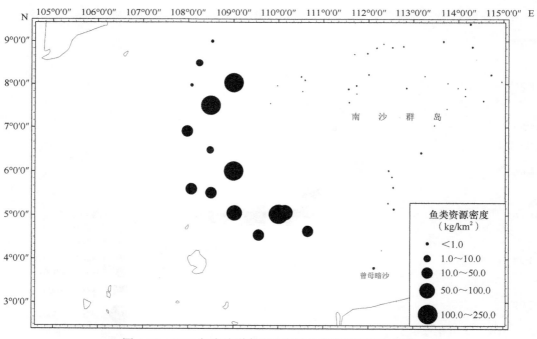

图 4-30　2000 年南沙群岛附近海域鱼类资源密度分布图

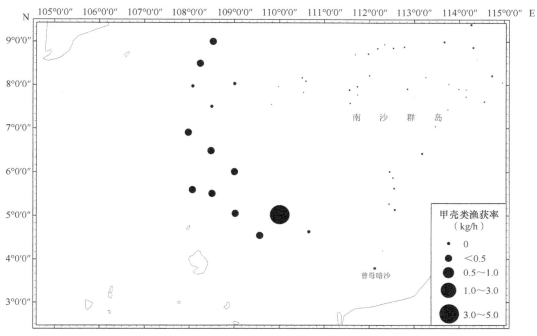

图 4-31　2000 年南沙群岛附近海域甲壳类渔获率分布图

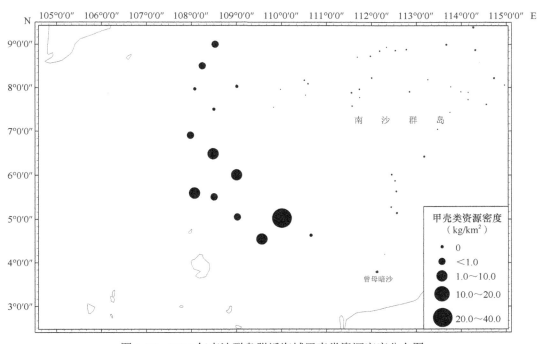

图 4-32　2000 年南沙群岛附近海域甲壳类资源密度分布图

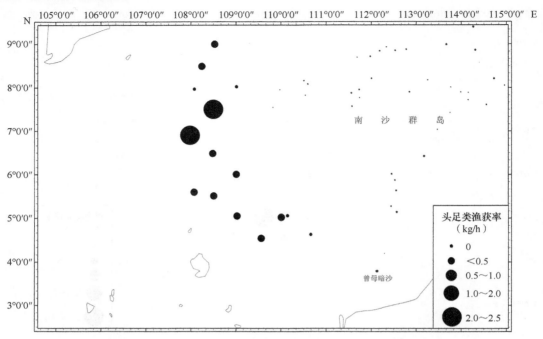

图 4-33　2000 年南沙群岛附近海域头足类渔获率分布图

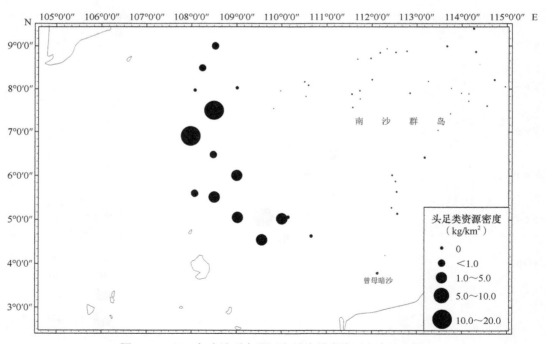

图 4-34　2000 年南沙群岛附近海域头足类资源密度分布图

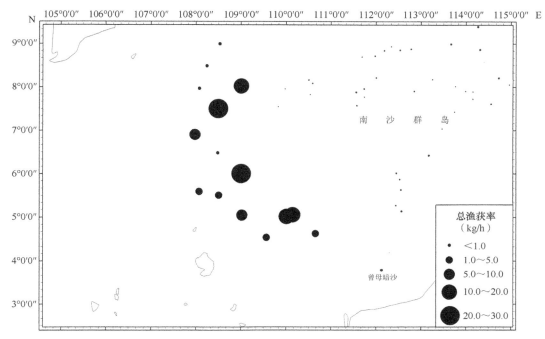

图 4-35　2000 年南沙群岛附近海域渔业资源总渔获率分布图

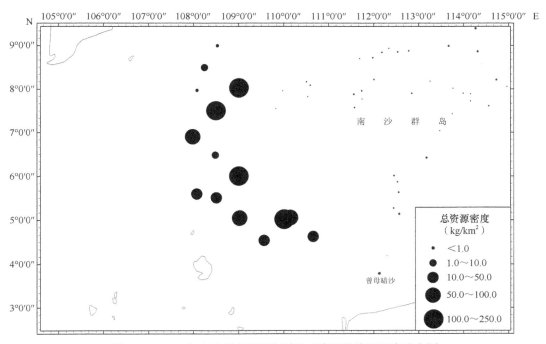

图 4-36　2000 年南沙群岛附近海域渔业资源总资源密度分布图

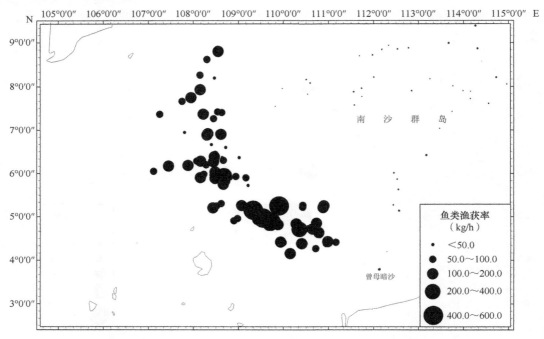

图 4-37　2003 年南沙群岛附近海域鱼类渔获率分布图

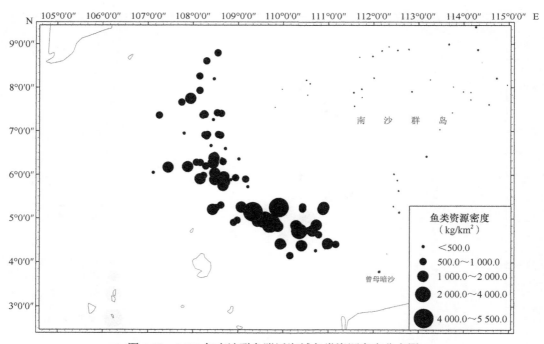

图 4-38　2003 年南沙群岛附近海域鱼类资源密度分布图

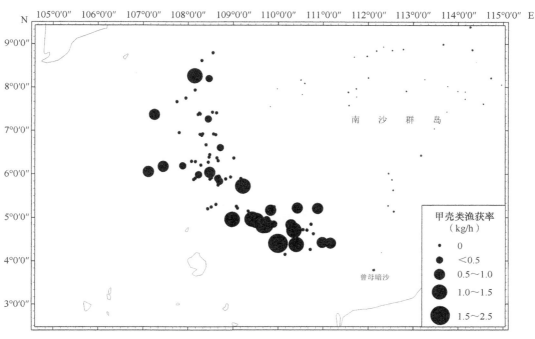

图 4-39　2003 年南沙群岛附近海域甲壳类渔获率分布图

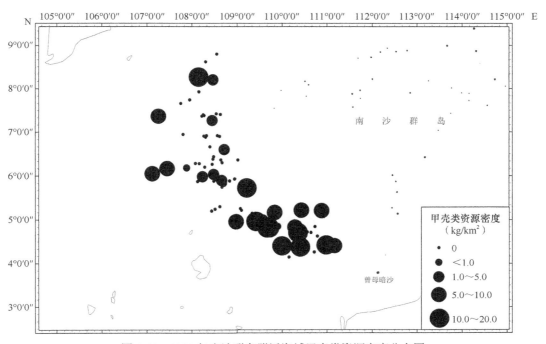

图 4-40　2003 年南沙群岛附近海域甲壳类资源密度分布图

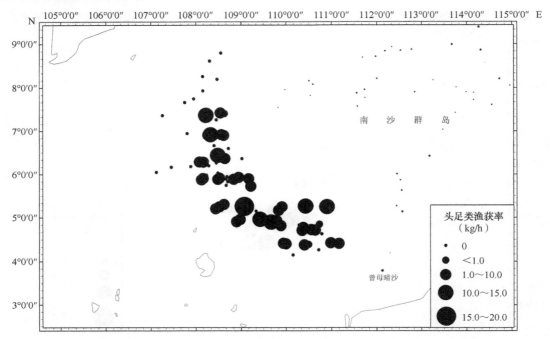

图 4-41   2003 年南沙群岛附近海域头足类渔获率分布图

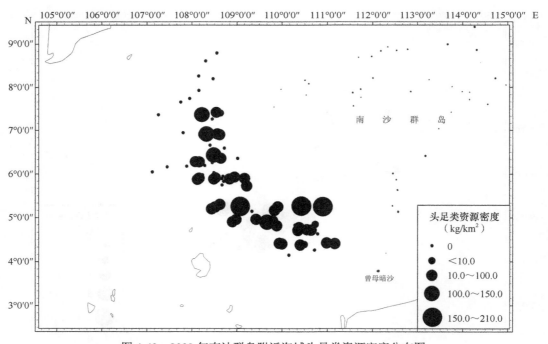

图 4-42   2003 年南沙群岛附近海域头足类资源密度分布图

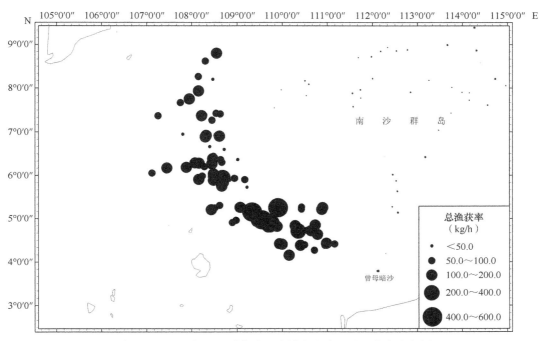

图 4-43　2003 年南沙群岛附近海域渔业资源总渔获率分布图

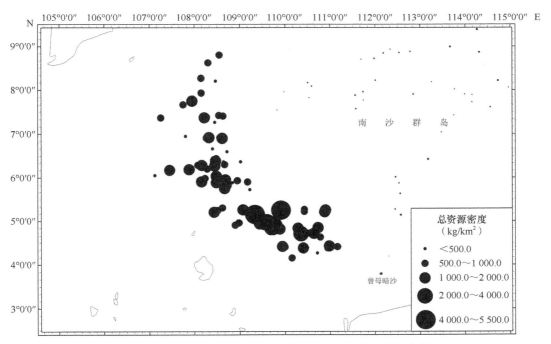

图 4-44　2003 年南沙群岛附近海域渔业资源总资源密度分布图

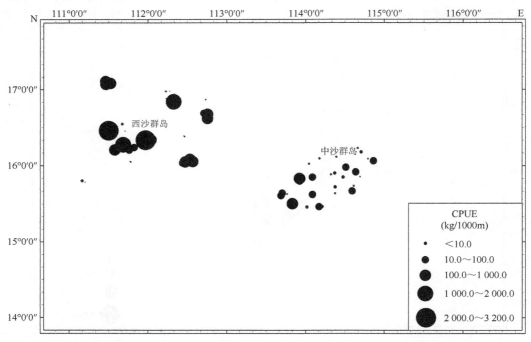

图 4-45 2003 年中沙、西沙群岛附近海域流刺网单位捕捞努力量（CPUE）分布图

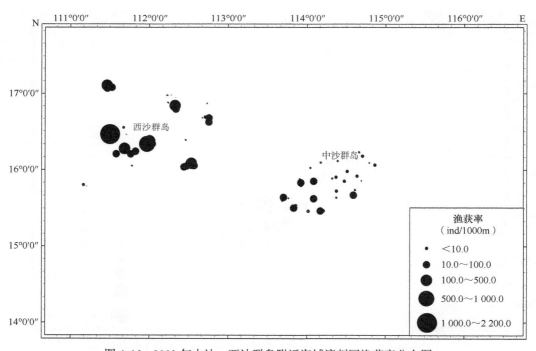

图 4-46 2003 年中沙、西沙群岛附近海域流刺网渔获率分布图

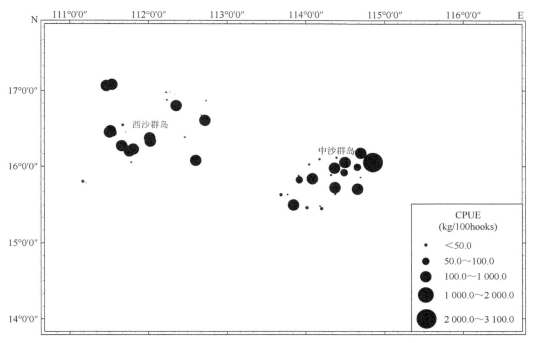

图 4-47　2003 年中沙、西沙群岛附近海域延绳钓单位捕捞努力量（CPUE）分布图

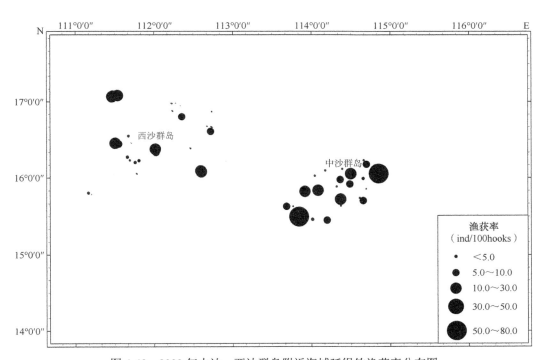

图 4-48　2003 年中沙、西沙群岛附近海域延绳钓渔获率分布图

第五章　大亚湾渔业资源图集

（1988—2009）

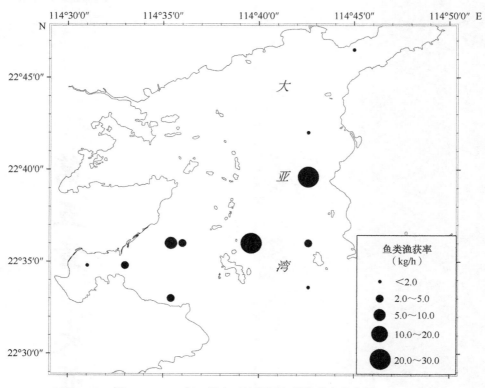

图 5-1　1988 年 7 月大亚湾海域鱼类渔获率分布图

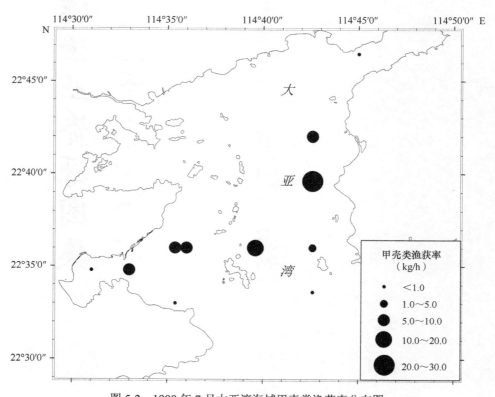

图 5-2　1988 年 7 月大亚湾海域甲壳类渔获率分布图

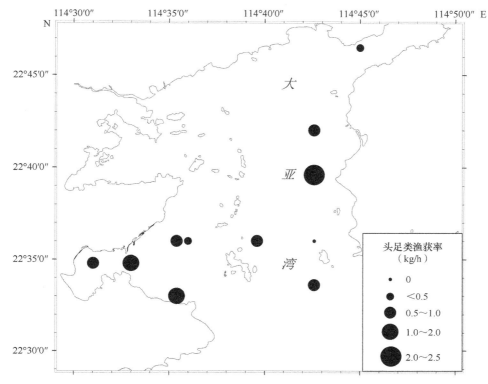

图 5-3　1988 年 7 月大亚湾海域头足类渔获率分布图

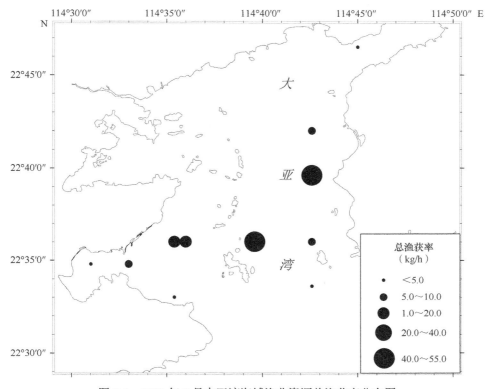

图 5-4　1988 年 7 月大亚湾海域渔业资源总渔获率分布图

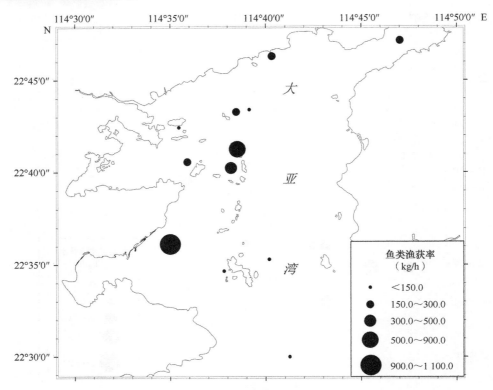

图 5-5　1989—1990 年大亚湾海域鱼类渔获率分布图

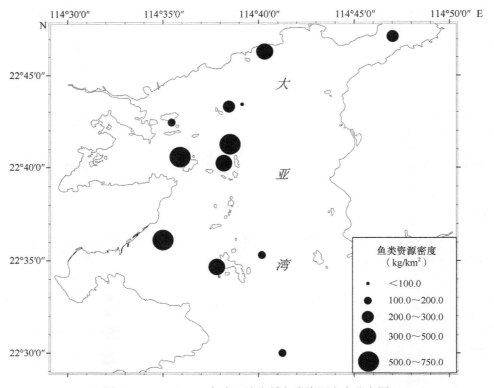

图 5-6　1989—1990 年大亚湾海域鱼类资源密度分布图

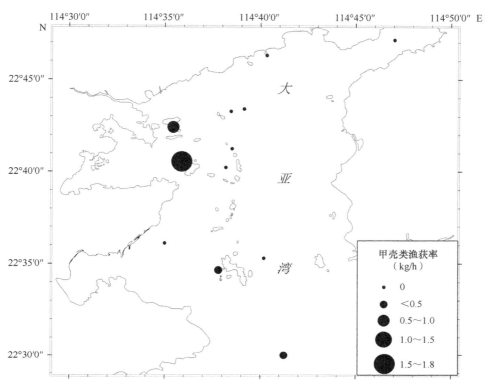

图 5-7　1989—1990 年大亚湾海域甲壳类渔获率分布图

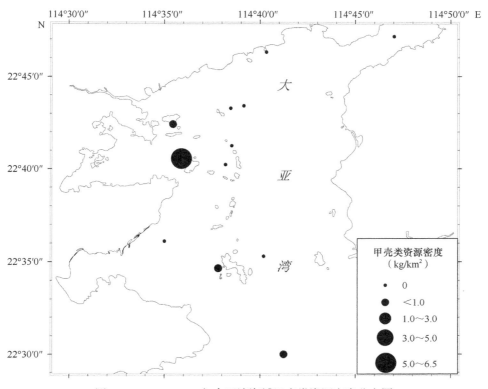

图 5-8　1989—1990 年大亚湾海域甲壳类资源密度分布图

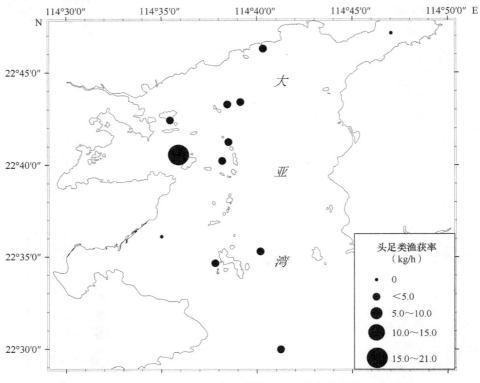

图 5-9　1989—1990 年大亚湾海域头足类渔获率分布图

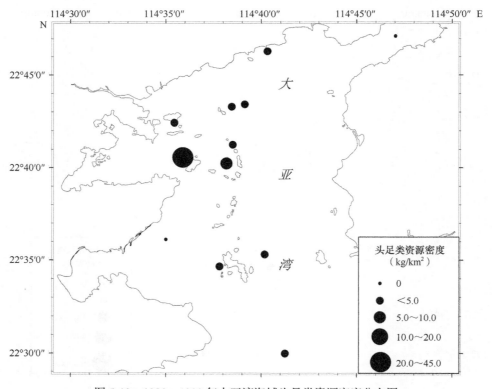

图 5-10　1989—1990 年大亚湾海域头足类资源密度分布图

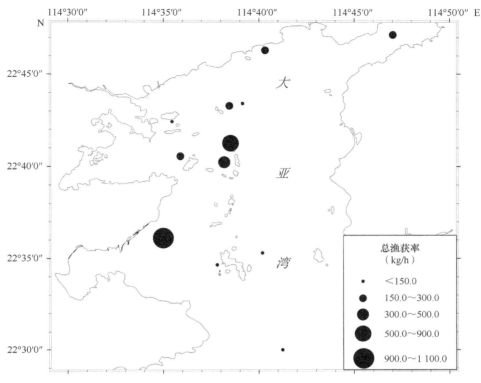

图 5-11　1989—1990 年大亚湾海域渔业资源总渔获率分布图

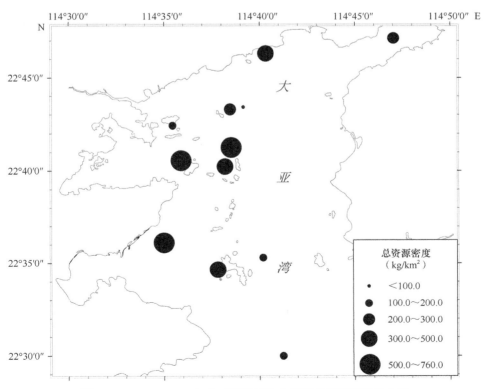

图 5-12　1989—1990 年大亚湾海域渔业资源总资源密度分布图

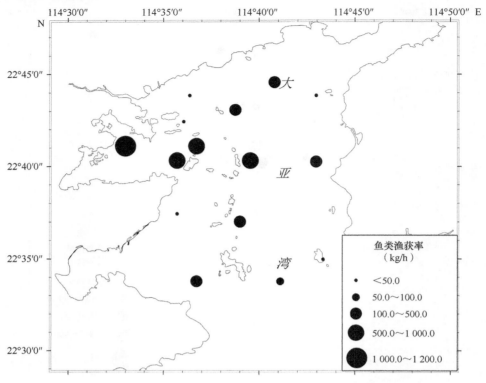

图 5-13 1992 年 1 月大亚湾海域鱼类渔获率分布图

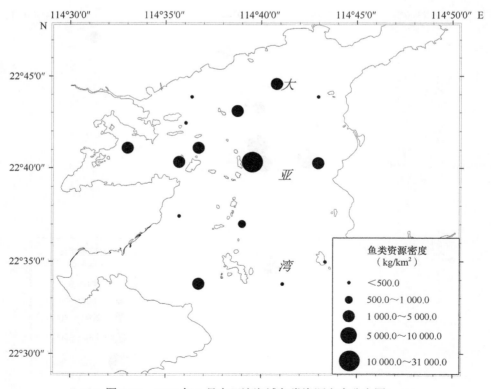

图 5-14 1992 年 1 月大亚湾海域鱼类资源密度分布图

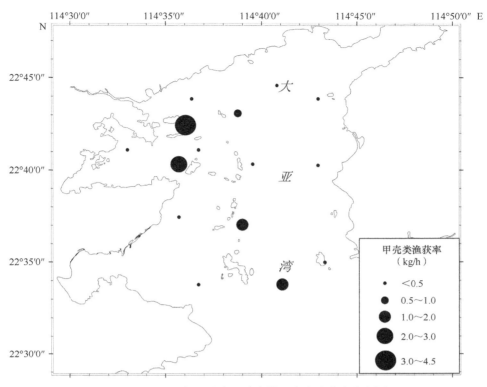

图 5-15　1992 年 1 月大亚湾海域甲壳类渔获率分布图

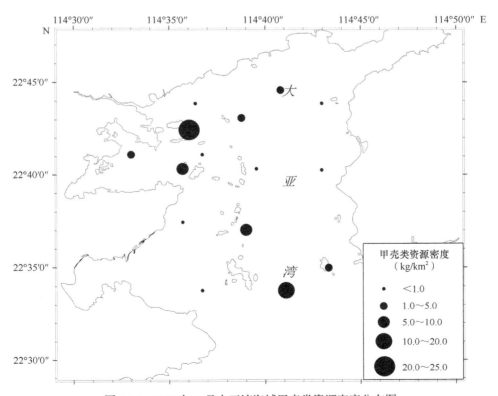

图 5-16　1992 年 1 月大亚湾海域甲壳类资源密度分布图

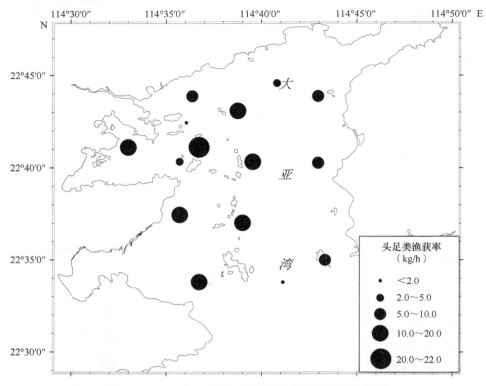

图 5-17　1992 年 1 月大亚湾海域头足类渔获率分布图

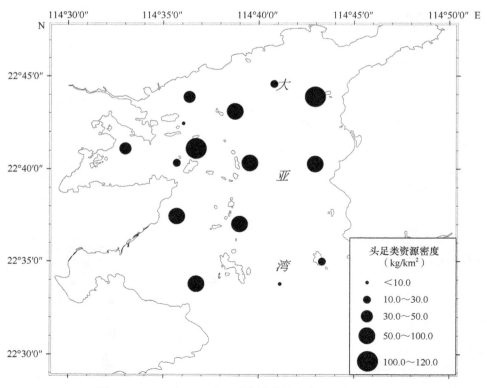

图 5-18　1992 年 1 月大亚湾海域头足类资源密度分布图

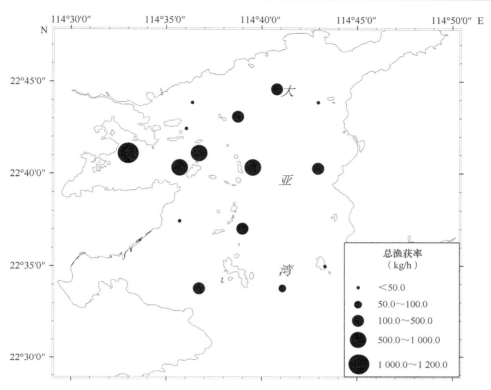

图 5-19　1992 年 1 月大亚湾海域渔业资源总渔获率分布图

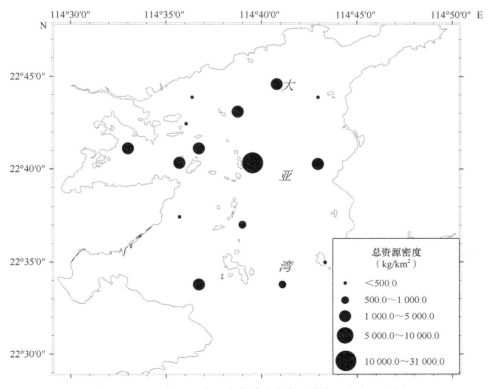

图 5-20　1992 年 1 月大亚湾海域渔业资源总资源密度分布图

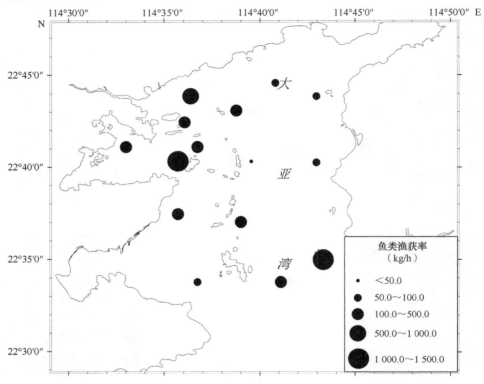

图 5-21　1992 年 8 月大亚湾海域鱼类渔获率分布图

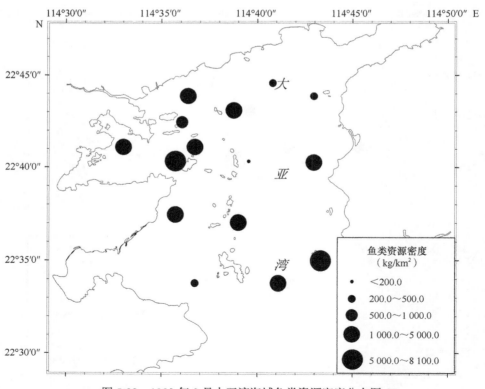

图 5-22　1992 年 8 月大亚湾海域鱼类资源密度分布图

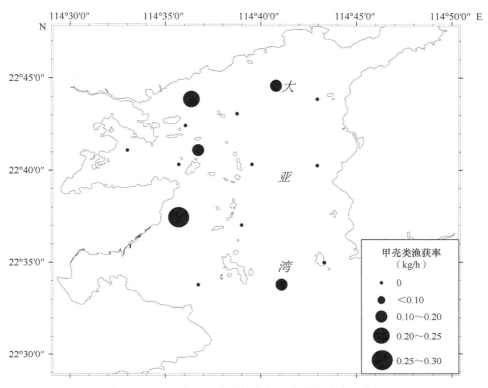

图 5-23　1992 年 8 月大亚湾海域甲壳类渔获率分布图

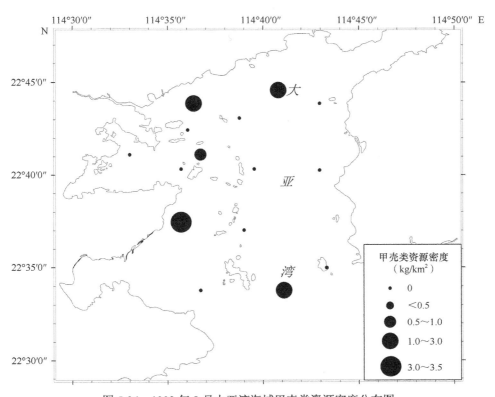

图 5-24　1992 年 8 月大亚湾海域甲壳类资源密度分布图

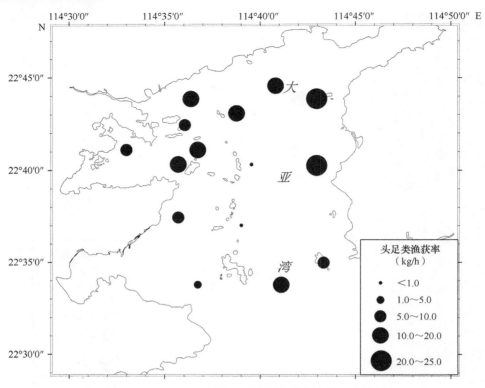

图 5-25   1992 年 8 月大亚湾海域头足类渔获率分布图

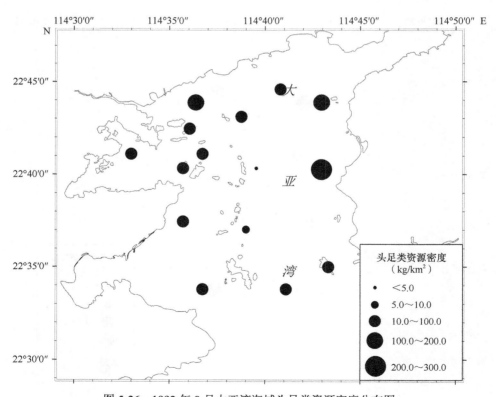

图 5-26   1992 年 8 月大亚湾海域头足类资源密度分布图

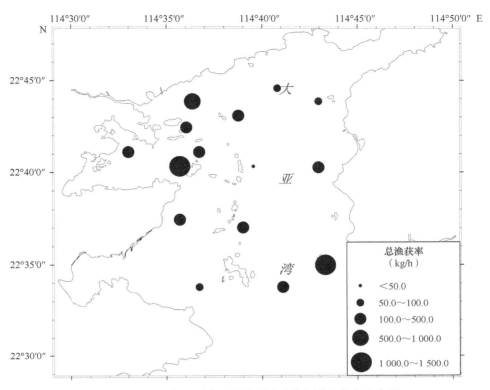

图 5-27 1992 年 8 月大亚湾海域渔业资源总渔获率分布图

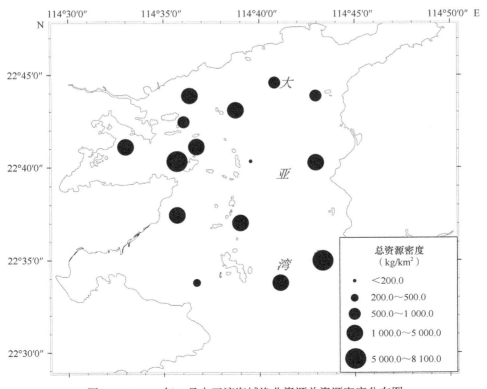

图 5-28 1992 年 8 月大亚湾海域渔业资源总资源密度分布图

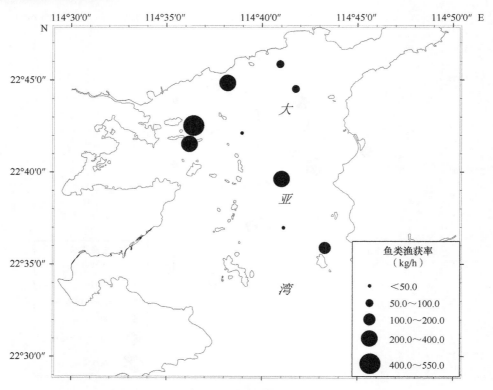

图 5-29　2004 年 3 月大亚湾海域鱼类渔获率分布图

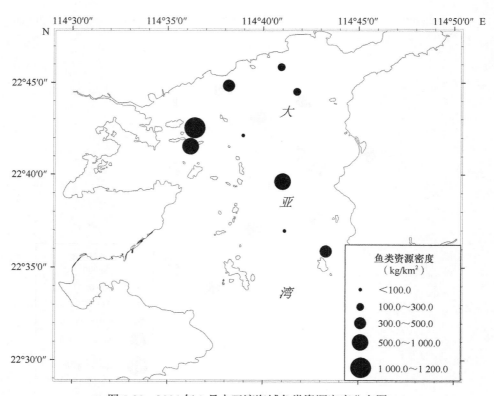

图 5-30　2004 年 3 月大亚湾海域鱼类资源密度分布图

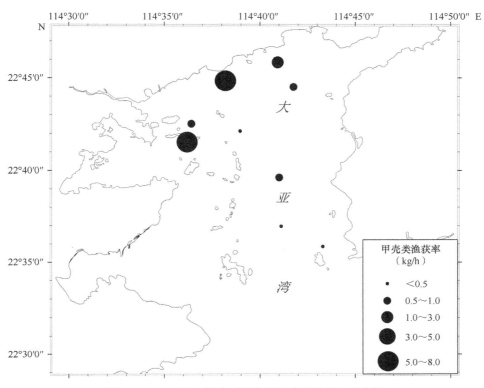

图 5-31 2004 年 3 月大亚湾海域甲壳类渔获率分布图

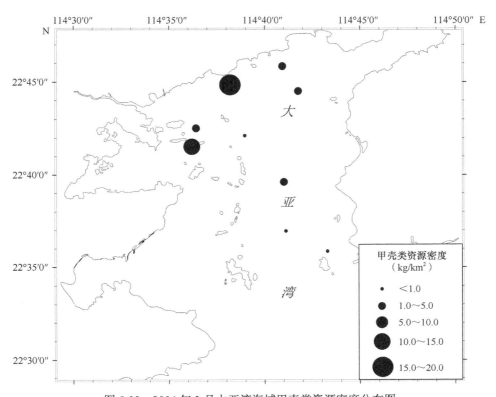

图 5-32 2004 年 3 月大亚湾海域甲壳类资源密度分布图

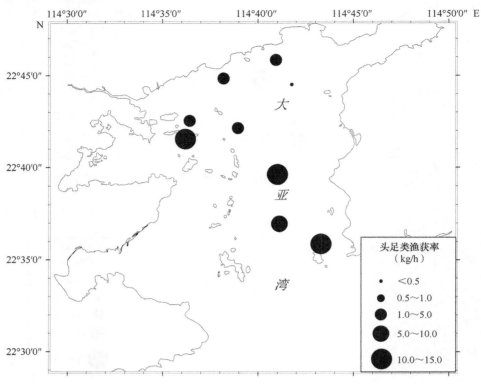

图 5-33　2004 年 3 月大亚湾海域头足类渔获率分布图

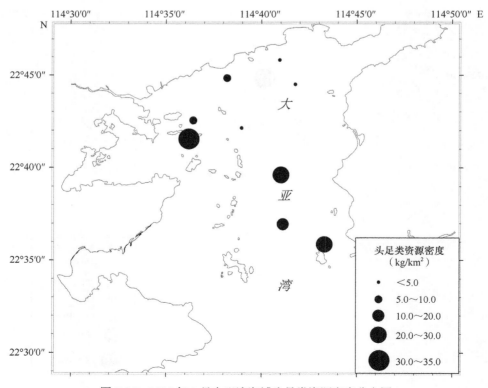

图 5-34　2004 年 3 月大亚湾海域头足类资源密度分布图

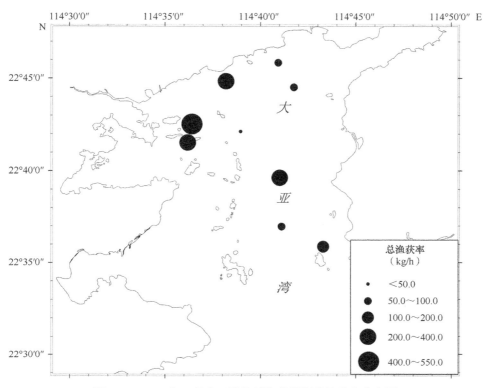

图 5-35 2004 年 3 月大亚湾海域渔业资源总渔获率分布图

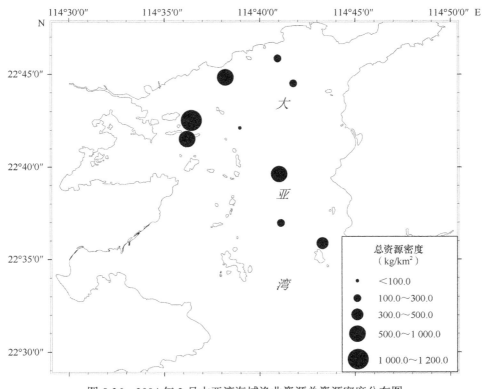

图 5-36 2004 年 3 月大亚湾海域渔业资源总资源密度分布图

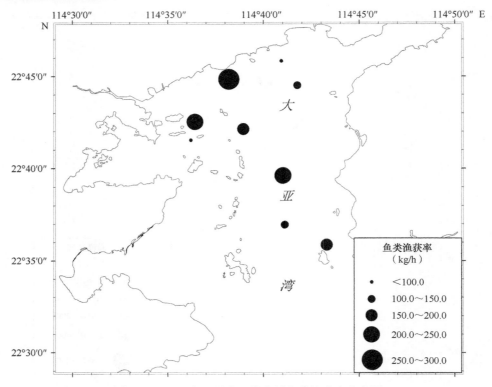

图 5-37　2004 年 5 月大亚湾海域鱼类渔获率分布图

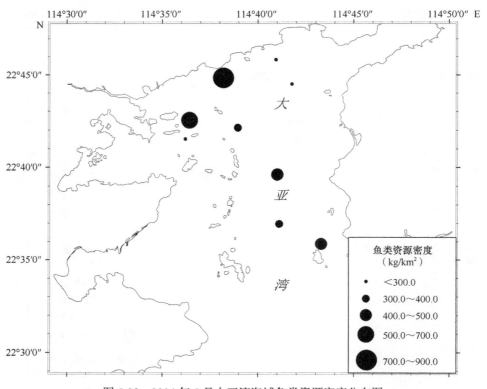

图 5-38　2004 年 5 月大亚湾海域鱼类资源密度分布图

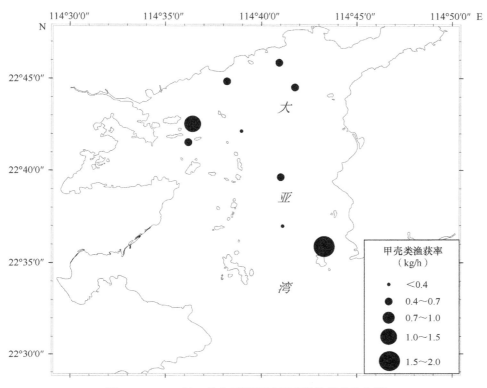

图 5-39　2004 年 5 月大亚湾海域甲壳类渔获率分布图

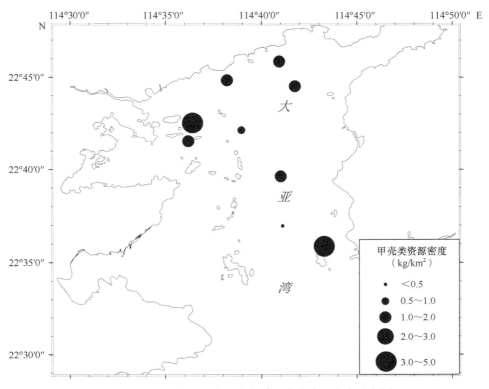

图 5-40　2004 年 5 月大亚湾海域甲壳类资源密度分布图

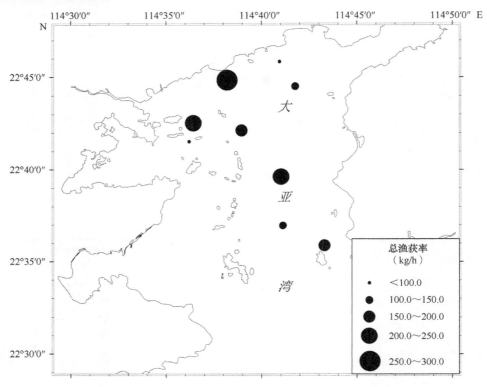

图 5-41　2004 年 5 月大亚湾海域渔业资源总渔获率分布图

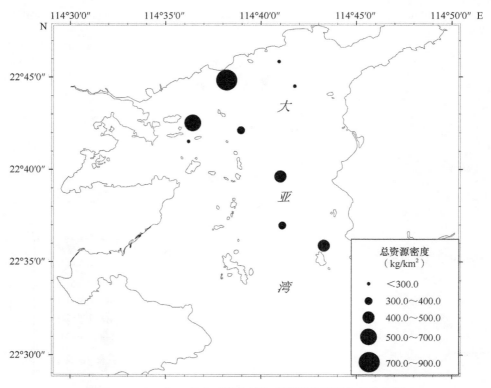

图 5-42　2004 年 5 月大亚湾海域渔业资源总资源密度分布图

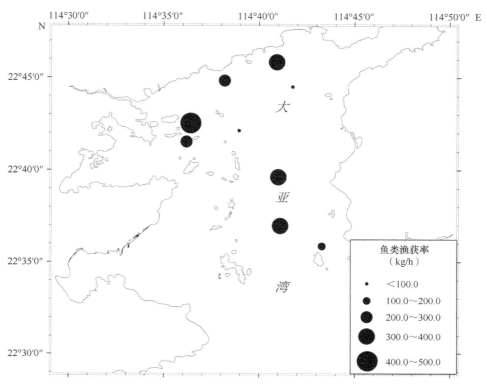

图 5-43　2004 年 9 月大亚湾海域鱼类渔获率分布图

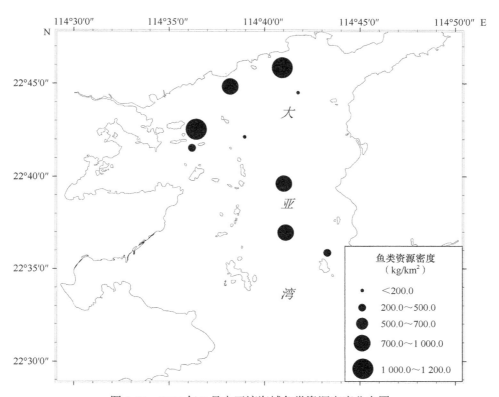

图 5-44　2004 年 9 月大亚湾海域鱼类资源密度分布图

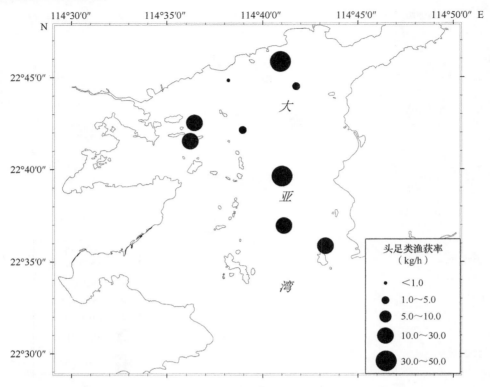

图 5-45　2004 年 9 月大亚湾海域头足类渔获率分布图

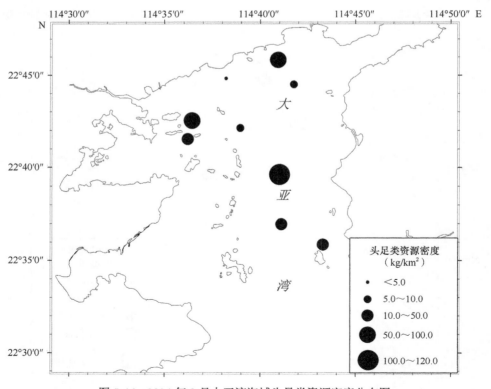

图 5-46　2004 年 9 月大亚湾海域头足类资源密度分布图

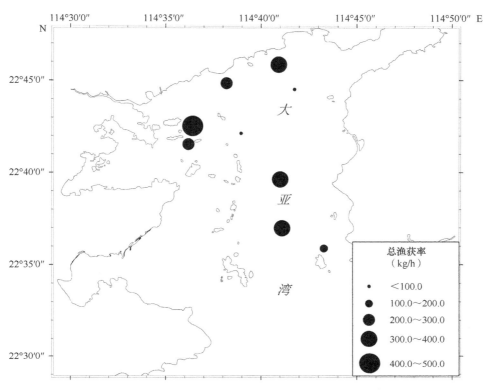

图 5-47　2004 年 9 月大亚湾海域渔业资源总渔获率分布图

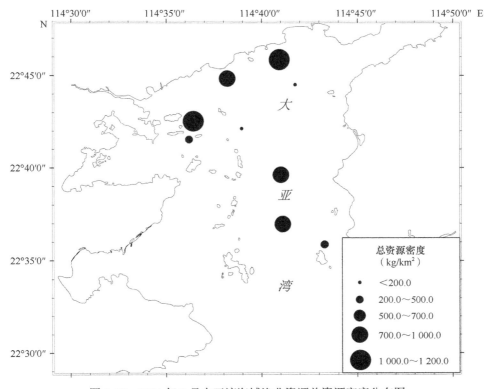

图 5-48　2004 年 9 月大亚湾海域渔业资源总资源密度分布图

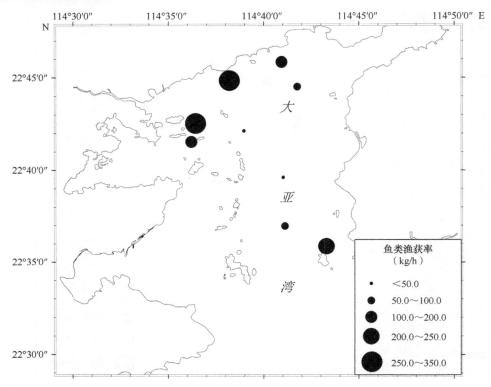

图 5-49　2004 年 12 月大亚湾海域鱼类渔获率分布图

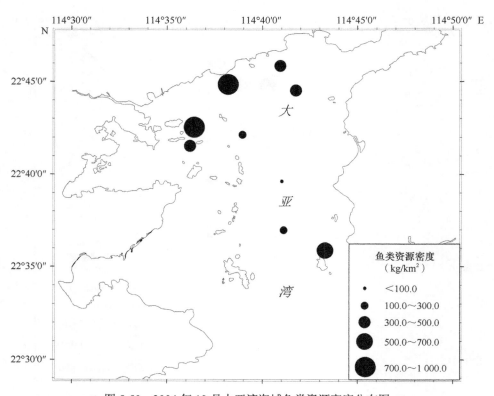

图 5-50　2004 年 12 月大亚湾海域鱼类资源密度分布图

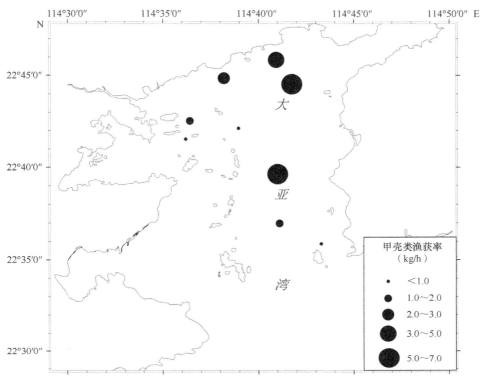

图 5-51　2004 年 12 月大亚湾海域甲壳类渔获率分布图

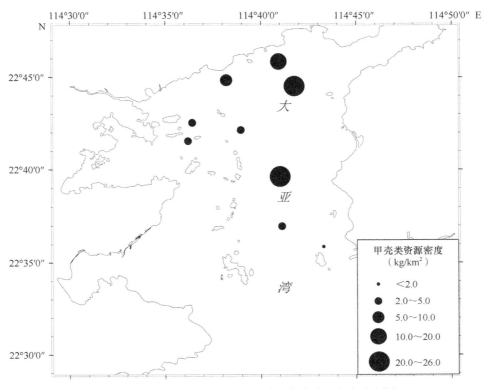

图 5-52　2004 年 12 月大亚湾海域甲壳类资源密度分布图

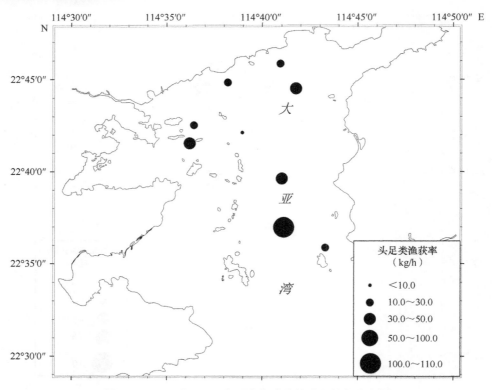

图 5-53　2004 年 12 月大亚湾海域头足类渔获率分布图

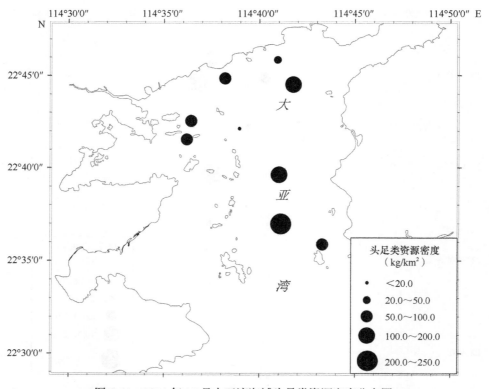

图 5-54　2004 年 12 月大亚湾海域头足类资源密度分布图

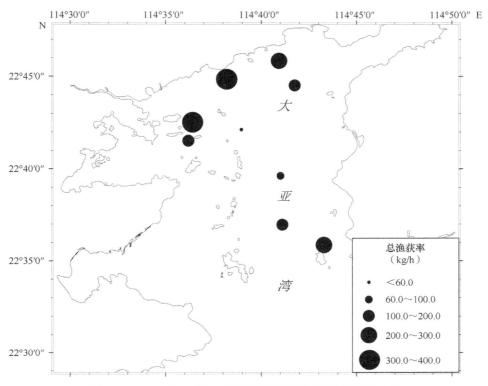

图 5-55 2004 年 12 月大亚湾海域渔业资源总渔获率分布图

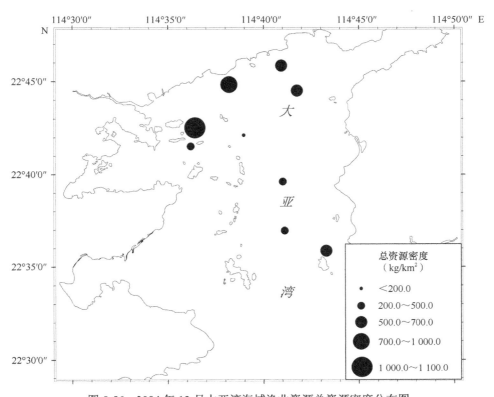

图 5-56 2004 年 12 月大亚湾海域渔业资源总资源密度分布图

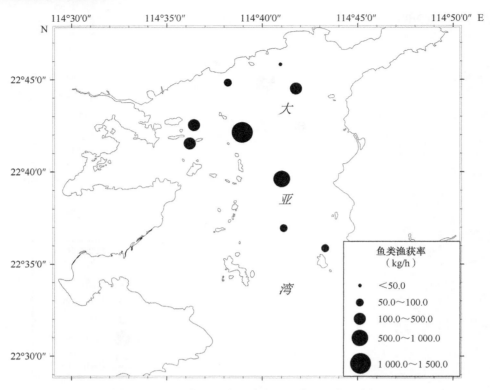

图 5-57　2005 年 3 月大亚湾海域鱼类渔获率分布图

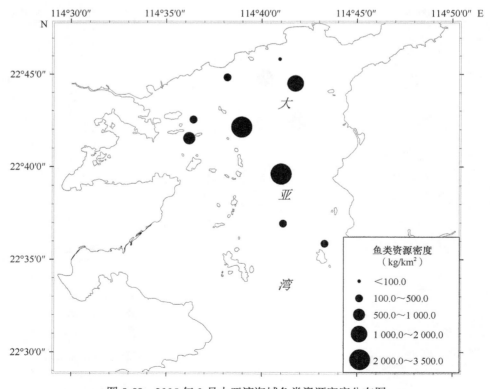

图 5-58　2005 年 3 月大亚湾海域鱼类资源密度分布图

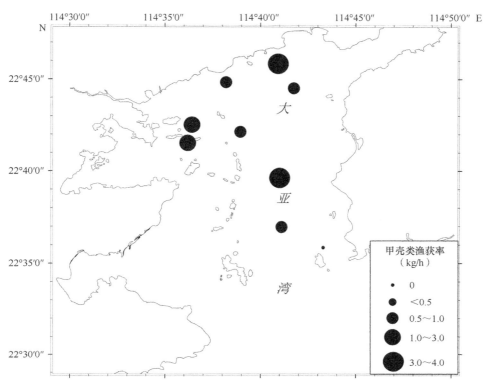

图 5-59　2005 年 3 月大亚湾海域甲壳类渔获率分布图

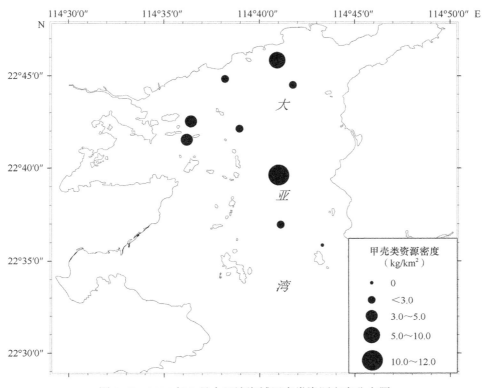

图 5-60　2005 年 3 月大亚湾海域甲壳类资源密度分布图

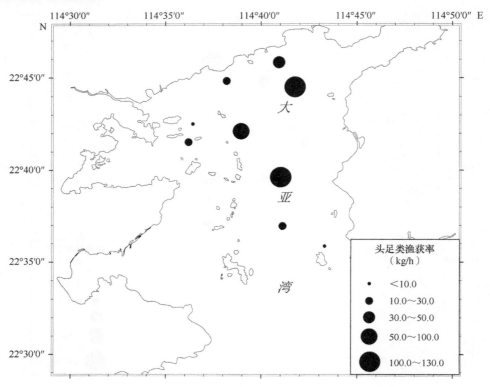

图 5-61　2005 年 3 月大亚湾海域头足类渔获率分布图

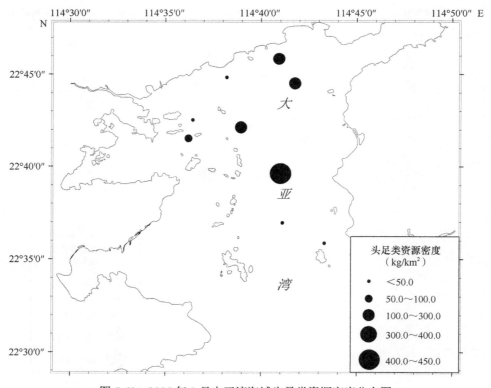

图 5-62　2005 年 3 月大亚湾海域头足类资源密度分布图

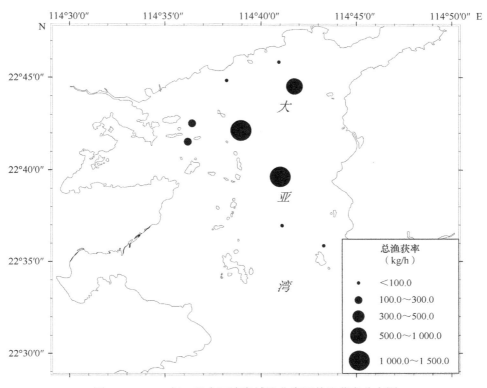

图 5-63　2005 年 3 月大亚湾海域渔业资源总渔获率分布图

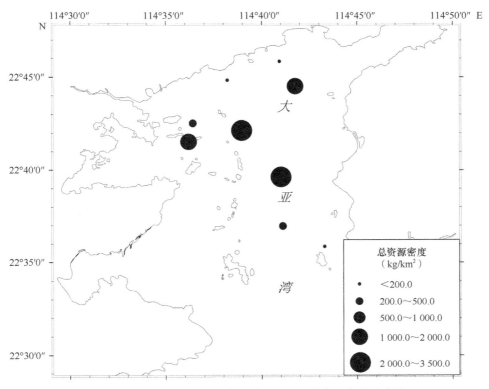

图 5-64　2005 年 3 月大亚湾海域渔业资源总资源密度分布图

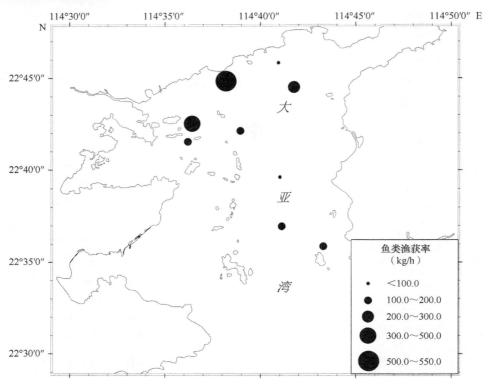

图 5-65　2005 年 5 月大亚湾海域鱼类渔获率分布图

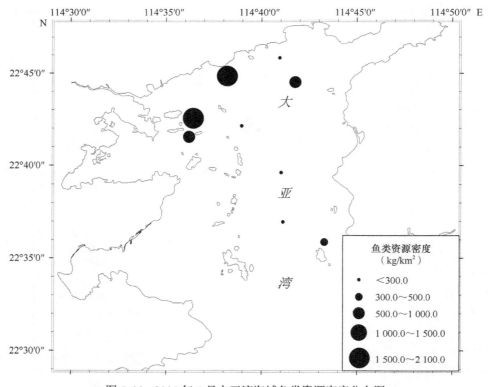

图 5-66　2005 年 5 月大亚湾海域鱼类资源密度分布图

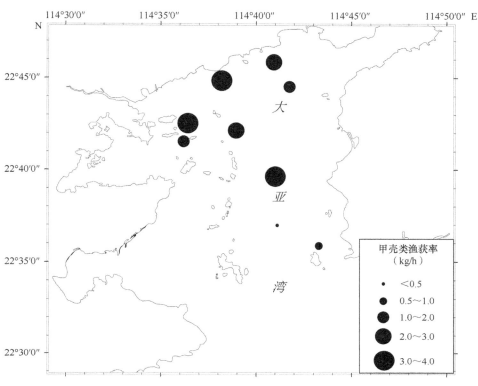

图 5-67　2005 年 5 月大亚湾海域甲壳类渔获率分布图

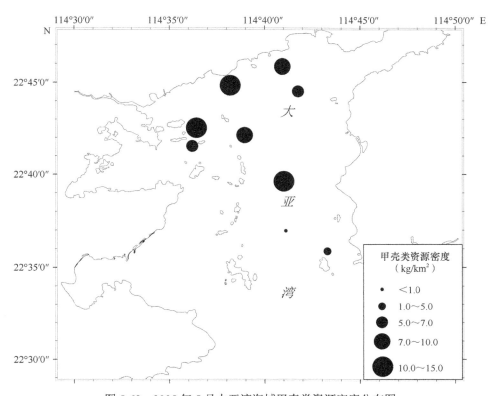

图 5-68　2005 年 5 月大亚湾海域甲壳类资源密度分布图

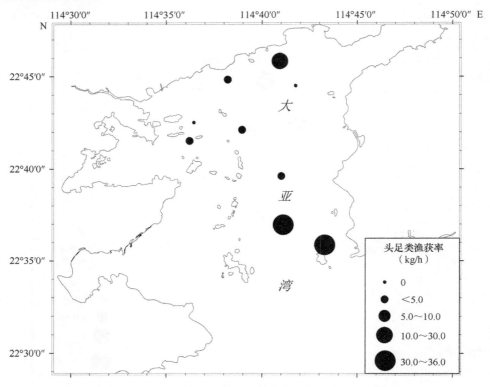

图 5-69　2005 年 5 月大亚湾海域头足类渔获率分布图

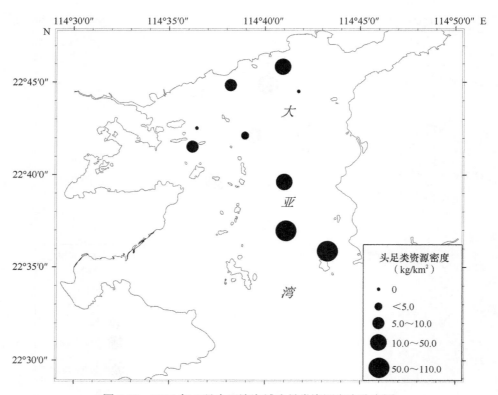

图 5-70　2005 年 5 月大亚湾海域头足类资源密度分布图

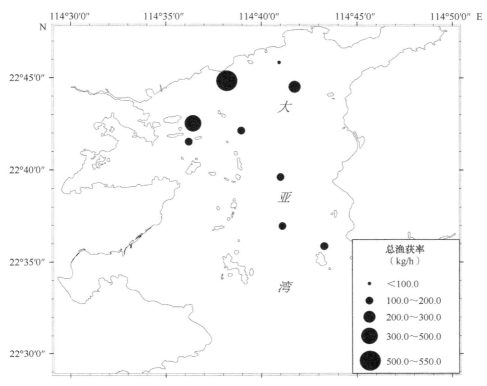

图 5-71 2005 年 5 月大亚湾海域渔业资源总渔获率分布图

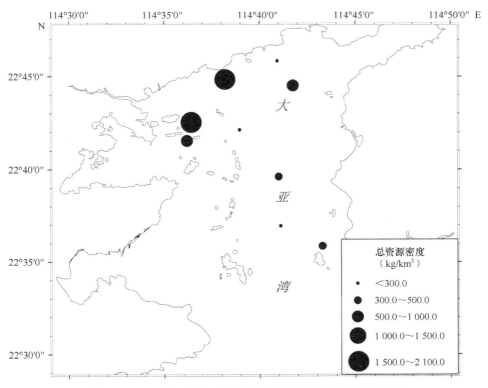

图 5-72 2005 年 5 月大亚湾海域渔业资源总资源密度分布图

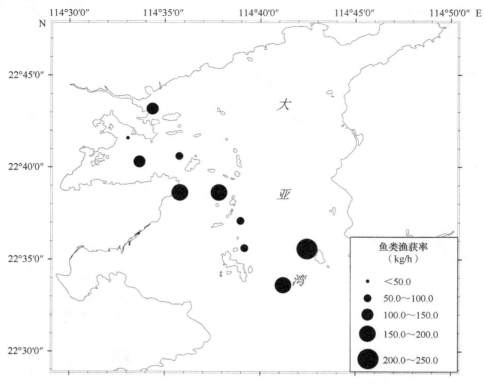

图 5-73　2009 年 12 月大亚湾海域鱼类渔获率分布图

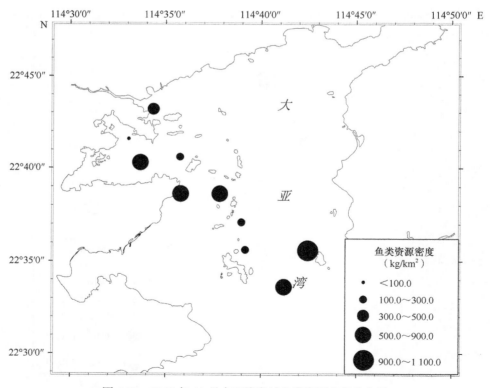

图 5-74　2009 年 12 月大亚湾海域鱼类资源密度分布图

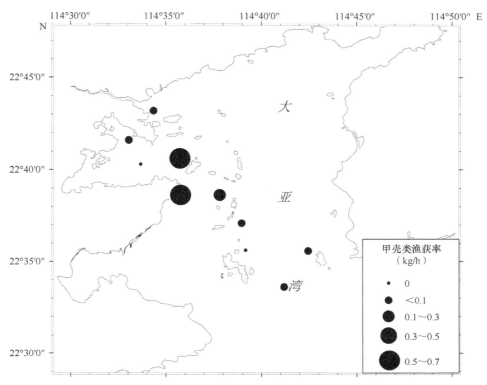

图 5-75　2009 年 12 月大亚湾海域甲壳类渔获率分布图

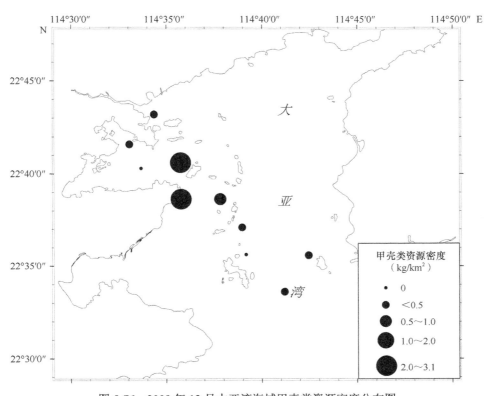

图 5-76　2009 年 12 月大亚湾海域甲壳类资源密度分布图

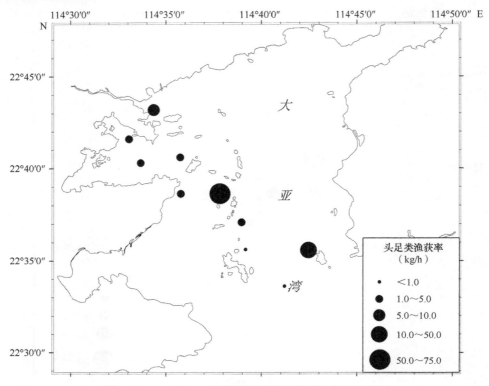

图 5-77　2009 年 12 月大亚湾海域头足类渔获率分布图

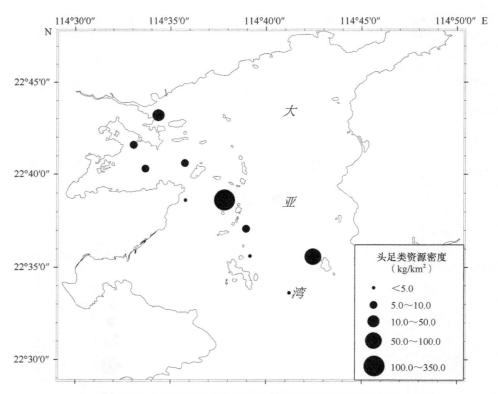

图 5-78　2009 年 12 月大亚湾海域头足类资源密度分布图

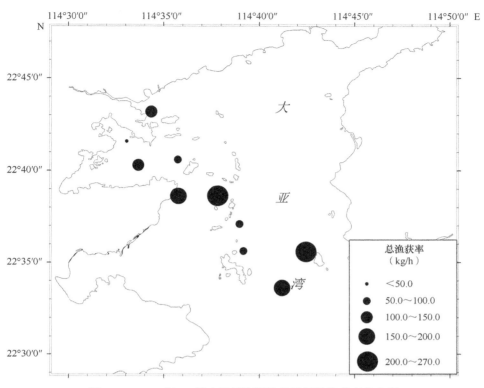

图 5-79　2009 年 12 月大亚湾海域渔业资源总渔获率分布图

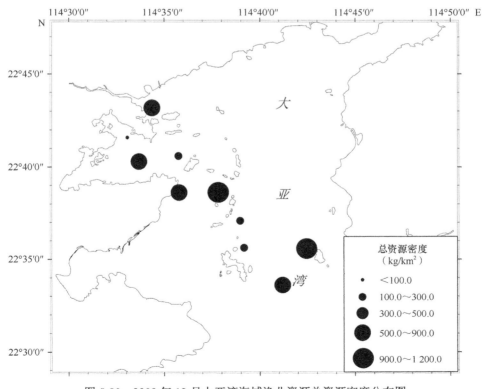

图 5-80　2009 年 12 月大亚湾海域渔业资源总资源密度分布图